市政工程建设与路桥施工

岳长青　阎明均　陈　进　主编

汕头大学出版社

图书在版编目（CIP）数据

市政工程建设与路桥施工 / 岳长青，阎明均，陈进主编. -- 汕头 : 汕头大学出版社，2024.5

ISBN 978-7-5658-5297-8

Ⅰ. ①市… Ⅱ. ①岳… ②阎… ③陈… Ⅲ. ①市政工程—工程施工②道路施工③桥梁施工 Ⅳ. ①TU99 ②U415 ③U445

中国国家版本馆 CIP 数据核字（2024）第 103883 号

市政工程建设与路桥施工

SHIZHENG GONGCHENG JIANSHE YU LUQIAO SHIGONG

主　　编：岳长青　阎明均　陈　进

责任编辑：黄洁玲

责任技编：黄东生

封面设计：周书意

出版发行：汕头大学出版社

广东省汕头市大学路 243 号汕头大学校园内　邮政编码：515063

电　　话：0754-82904613

印　　刷：廊坊市海涛印刷有限公司

开　　本：710mm × 1000mm　1/16

印　　张：11

字　　数：190 千字

版　　次：2024 年 5 月第 1 版

印　　次：2024 年 6 月第 1 次印刷

定　　价：58.00 元

ISBN 978-7-5658-5297-8

编委会

主　编　岳长青　阎明均　陈　进

副主编　李新义　李会文　张　佳

张　超　韦章磊　魏　兵

孙　钰　余　华　韩宗胜

张　超

前 言

随着城市规模的不断扩大和发展，市政工程成为城市硬件建设不可缺少的一道风景，市政工程质量的好坏，不仅影响城市精神文明的建设，也给社会带来巨大影响。市政工程质量问题已成为加大城市基础设施建设和发展国民经济、实施扩大内需等重大决策成败的关键，因此，分析市政工程施工过程中存在的技术管理问题，把握市政工程质量管理方法，对加强工程施工质量管理，提高工程质量水平极其重要。

市政公用工程的上述特点和建设过程的扰民性（施工期间临时停水停电，封闭交通，给生活带来不便），决定了项目建设全过程的每项工作，除了接受政府相关职能部门的审查审批和监督外，还应接受人大、政协、广大民众和公众媒体的关注和监督。因此，市政工程建设要按照“质量好、安全保、速度快、干扰少”的目标要求组织实施。

我国的道路交通建设事业正面临着一个新的发展时期。道路交通量和轴载的迅速增长，对行车速度和舒适性的要求不断提高。道路工程作为重要的结构物，对汽车行驶质量、道路建设和营运的经济性以及行车安全等，都有至关重要的作用。为适应这一发展的需要，近年来，随着我国公路和城市道路工程建设的发展，特别是大量高等级道路的修建，促进了道路工程科学研究与工程技术的发展，在道路工程的设计理论和方法、建筑材料和施工工艺、养护技术和管理等方面都开展了大量的研究工作，取得了许多新的科技成果，许多新理论、新技术、新材料、新工艺在高等级道路建设中得到推广应用，同时也积累了丰富的工程实践经验，取得了良好的使用效果。

本书围绕“市政工程建设与路桥施工”这一主题，以市政工程建设基本知识为切入点，由浅入深地阐述城市道路工程构造、城市道路工程施工、路桥改扩建施工，并系统地分析了道路排水与防护工程施工、桥梁工程施工等内容，以期为读者理解与践行市政工程建设与路桥施工提供有价值的参考和借鉴。本书内容翔实、条理清晰、逻辑合理，兼具理论性与实践性，适用于从事相关工作与研究的专业人员。

限于作者水平，书中疏漏和不足在所难免，恳请读者及同行批评指正。

目 录

第一章　市政工程建设基本知识

第一节　市政工程的内容及特点

市政工程是在以城市（城、镇）为基点的范围内，为满足经济、文化、生产、人民生活的需要并为其服务的公共基础设施的建设工程。

一、市政工程的内容

市政工程是指市政设施建设工程。市政设施是指在城市区、镇（乡）规划建设范围内设置、基于政府责任和义务为居民提供有偿或无偿公共产品和服务的各种建筑物、构筑物、设备等。

市政工程主要包括城镇道路工程、桥梁工程、给水排水工程、燃气热力工程、绿化及园林附属工程等。这些工程都是国家投资（包括地方政府投资）兴建的，是城市的基础设施，是社会发展的基础条件，是供城市生产和人民生活的公用工程，故又称市政公用工程，简称市政工程。

二、市政工程建设的特点

市政工程建设的特点主要表现在以下几个方面。

（1）单项工程投资大。一般工程投资为几千万元，较大工程投资在一亿元以上。

（2）产品具有固定性。工程建成后不能移动。

（3）工程类型多，工程量大。如道路、桥梁、隧道、水厂、泵站等类工程，以及逐渐增多的城市快速路、大型多层立交、千米桥梁。

（4）涵盖点、线、片形工程。如桥梁、泵站是点形工程，道路、管道是线形工程，水厂、污水处理厂是片形工程。

（5）结构复杂。每个工程的结构不尽相同，特别是桥梁、污水处理厂等工程结构更是复杂。

(6) 干、支线配合，系统性强。如道路、管网等工程的干线要解决支线流量问题，而且成为系统，否则相互堵截排流不畅。

三、市政工程施工的特点

市政工程施工的特点主要表现在以下几个方面。

(1) 施工生产的流动性。市政工程施工生产的流动性是指在市政工程施工过程中所需的物资、设备、人力等资源的流动性。这种流动性对于确保市政工程施工的顺利进行至关重要。首先，市政工程施工涉及大量的物资和设备。例如，在道路修建过程中，需要大量的沙子、水泥、砖石等建筑材料，以及渣土车、挖掘机等工程机械。这些物资和设备的流动性意味着它们需要及时地供应到工地，并且在施工进程中随时准备好。只有这样，施工方才能够按照计划顺利进行。其次，市政工程施工也需要充足的人力资源。人力资源的流动性体现在施工队伍的组织与调配上。在施工进程中，可能需要增加工人的数量来加快施工进度，也可能需要调整工人的岗位以适应不同的施工环境和要求。人力资源的流动性使得施工方能够灵活应对各种挑战和变化，确保施工质量和进度的同时最大程度地提高工作效率。

(2) 施工生产的一次性。产品类型不同，设计形式和结构不同，再次施工生产各有不同。

(3) 工期长，工程结构复杂，工程量大，投入的人力、物力、财力多。由开工到最终完成交付使用的时间较长，一个单位工程少则要施工几个月，多则要施工几年才能完成。

(4) 施工的连续性。开工后，各个工序必须根据生产程序连续进行，不能间断，否则会造成很大的损失。

(5) 协作性强。需有地上、地下工程的配合，材料、供应、水源、电源、运输以及交通的配合，与附近工程、市民的配合，彼此需要协作支援。

(6) 露天作业多。由于生产的特点，大部分施工属于露天作业。

(7) 季节性强。气候影响大，不同的季节、天气和温度，都会给施工带来很大困难。

总之，由于市政工程的特点，在基本建设项目的安排或施工操作方面，

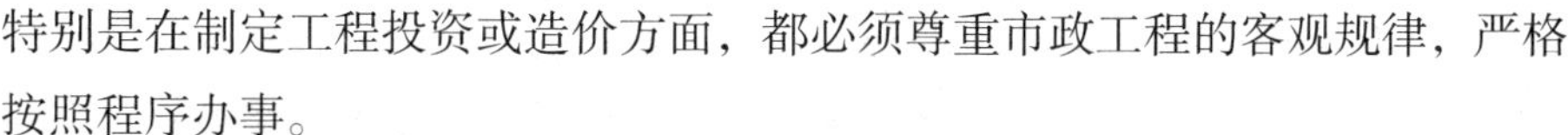

特别是在制定工程投资或造价方面，都必须尊重市政工程的客观规律，严格按照程序办事。

四、市政工程在基本建设中的地位

市政工程是国家的基本建设工程，是城市的重要组成部分。市政工程包括城市的道路、桥涵、隧道、给水排水、路灯、燃气、集中供热、绿化等工程。这些工程都是国家投资（包括地方政府投资）兴建的，是城市的基础设施，是供城市生产和人民生活的公用工程，故又称城市公用设施工程。

市政工程有着建设先行性、服务性和开放性等特点，在国家经济建设中起重要的作用，它不但解决城市交通运输、排泄水问题，促进工农业生产发展，而且大大改善了城市环境卫生，提高了城市的文明程度。改革开放以来，我国各级政府大量投资兴建市政工程，不仅使城市林荫大道成网、给水排水管道成为系统、绿地成片、水源丰富、电源充足、堤防巩固，而且逐步兴建煤气、暖气管道，集中供热、供气，使市政工程起到了为工农业生产服务、为人民生活服务、为交通运输服务、为城市文明建设服务的作用，有效地促进了工农业生产的发展，改善了城市环境，使城市面貌焕然一新，经济效益、环境效益和社会效益不断提高。

第二节　市政工程施工的发展趋势

市政工程按照城市总体规划发展的要求，必须坚持为生产和人民生活服务，又必须按照本地区的方针，切实做好市政的新建、管理、养护与维修工作，既要求高质量、高速度，又要求高经济效益。这是对市政工程提出的新课题，无疑将有力地推动这门学科的进步。市政工程的发展趋势体现在以下几个方面。

(1) 建筑材料方面：对传统的砂、石等建筑材料的使用有了新的突破；对电厂废料、粉煤灰的利用不断加强。如利用多种废渣做基础的试验正在进行；沥青混凝土的旧料再生正逐步推广；水泥混凝土外加剂被广泛重视等。建筑材料的研发虽取得了显著成果，但仍需加快研制进度，就地取材，降低造价。

（2）机械化方面：低标准的道路、一般跨度的桥梁、小管径给水、排水、上下水等继续沿用简易工具建造，繁重的体力劳动当前阶段不能抛弃。高标准的道路结构、复杂的桥梁、大管径给水、排水等必须采用较为先进的机械设备，才能达到优质、高速、低耗的要求。要增强机械化施工的意识，加速培养机械化操作人员和机械化管理人员，这样才能适应市政工程飞速发展的需要。

（3）施工管理方面：建筑材料的更新，机械化程度的提高，促进了施工管理水平的提高。只有管理人员心中有数是不够的，必须发挥广大工作人员的才智，群策群力。深化改革，实行岗位责任制，必须解放思想，不断实践。绘制进度计划的横道图逐步被统筹法的网络代替；经济核算由工程竣工后算总账，已经改为预算中各项经济分析超前控制；大型工程的施工组织管理开始应用系统工程的理论方法，从而日益趋向科学化。这样不仅可以提高工程质量，缩短工期，提高劳动生产效率，降低成本，而且可以解决某些难以处理的技术难题。

现代市政工程施工已成为一项十分复杂的生产活动，需要组织各种专业的建筑施工队伍和数量众多的各类建筑材料、建筑机械和设备有条不紊地投入建筑产品的建造；组织好种类繁多的、数以百万甚至千万吨计的建筑材料、制品及构配件的生产、运输、储存和供应工作；组织好施工机具的供应、维修和保养工作；组织好施工用临时供水、供电、供气、供热以及安排生产和生活所需要的各种临时建筑物；协调好各方面的矛盾。总之，现代市政工程施工涉及的问题点多面广、错综复杂，只有认真制定施工组织设计，并认真贯彻，才能有条不紊地施工，并取得良好的效果。

第三节　市政工程施工准备工作

一、施工准备工作概述

（一）施工准备工作的概念

以道路工程施工为例，道路工程项目总的程序按照决策、设计、施工和竣工验收四大阶段进行。

施工准备工作是指施工前为了保证整个工程能够按计划顺利完成，事先必须做好的各项准备工作。具体内容包括为施工创造必要的技术、物资、人力，现场和外部组织条件，统筹安排施工现场，以便施工得以“好、快、省”并安全地进行，是施工程序中的重要环节。

(二) 施工准备工作的意义

施工准备工作是企业做好目标管理、推行技术经济责任制的重要依据，同时又是土建施工和设备安装顺利进行的根本保证。因此，认真做好施工准备工作，对于发挥企业优势、合理供应资源、加快施工速度、提高工程质量、降低工程成本、增加企业经济效益、赢得社会信誉、实现企业管理现代化等具有重要意义。

不管是整个建设项目，还是单项工程，或者是其中的单位工程，甚至单位工程中的分部、分项工程，在开工之前，都必须进行施工准备。施工准备工作是施工阶段的一个重要环节，是施工项目管理的重要内容。施工准备的根本目标是为正式施工创造良好的条件。

施工准备工作不只限于开工前的准备，而应贯穿整个施工过程中。随着施工生产活动的进行，在每一个施工阶段，都要根据各阶段的特点及工期等要求，做好各项施工准备工作，才能确保整个施工任务的顺利完成。

施工准备工作需要花费一定的时间，似乎推迟了建设进度，但实践证明，施工准备工作做好了，施工不但不会慢，反而会更快，而且可以避免浪费，有利于保证工程质量和施工安全，对提高经济效益也具有十分重要的作用。

(三) 施工准备工作的分类

1. 按施工项目的施工准备工作的范围不同分类

施工项目的施工准备工作按范围的不同，一般可分为全场性施工准备、单位工程施工条件准备和分部分项工程作业条件准备三种。

(1) 全场性施工准备。全场性施工准备是以整个建设项目或一个施工工地为对象而进行的各项施工准备工作。其特点是施工准备工作的目的、内容都是为全场性施工服务的。它不仅要为全场性施工活动创造有利条件，而且要兼顾单位工程的施工条件准备。

(2) 单位工程施工条件准备。单位工程施工条件准备是以单位工程为对象而进行的施工条件准备工作。其特点是施工准备工作的目的、内容都是为单位工程施工服务的。它不仅要为该单位工程在开工前做好一切准备，还要为分部分项工程做好作业条件准备工作。

(3) 分部分项工程作业条件准备。分部分项工程作业条件准备是以一个分部分项工程或冬雨期施工项目为对象而进行的作业条件准备，是基础的施工准备工作。

2. 按施工阶段分类

施工准备工作按拟建工程所处的不同施工阶段，一般可分为开工前的施工准备和各分部分项工程施工前的准备两种。

(1) 开工前施工准备是在拟建工程正式开工之前所进行的一切施工准备工作。其目的是为拟建工程正式开工创造必要的施工条件。它既可以是全场性的施工准备，也可以是单位工程施工条件准备。

(2) 各分部分项工程施工前的准备是在拟建工程正式开工之后，在每一个分部分项工程施工之前所进行的一切施工准备工作。其目的是为各分部分项工程的顺利施工创造必要的施工条件。它又称为施工期间的经常性施工准备工作，也称为作业条件的施工准备。它具有局部性和短期性，又具有经常性。

综上所述，施工准备工作不仅在开工前的准备期进行，还贯穿于整个施工过程中，随着工程施工的进行，在各个分部分项工程施工之前，都要做好施工准备工作。施工准备工作既要有阶段性，又要有连贯性。因此，施工准备工作必须有计划、有步骤、分阶段进行，它贯穿整个工程项目建设。在项目施工过程中，首先，要求准备工作达到开工所必备的条件方能开工；其次，随着施工的进程和技术资料逐渐齐备，应不断完善施工准备工作的内容，加深深度。

二、技术准备

施工技术准备工作是工程开工前期的一项重要工作，其主要工作内容有以下几方面。

（一）图纸会审，技术交底

图纸会审、技术交底是基本建设技术管理制度的重要内容。工程开工前，在总工程师的带领下集中有关技术人员仔细审阅图纸，将不清楚或不明白的问题汇总通知业主、监理及设计单位及时解决。图纸会审由建设单位（监理单位）负责召集，是一次正式会议，各方可先审阅图纸，汇总问题，在会议上由设计单位解答或各方共同确定。测量复核成果，对所有控制点、水准点进行复核，与图纸有出入的地方及时与设计人员联系解决。

技术交底一般分为设计技术交底、施工组织设计交底、试验专用数据交底、分部分项或工序安全技术交底等几个层次。工程开工后，对每一工序由总工程师组织技术人员向施工人员及作业班组交底。

（二）调查研究，收集资料

市政工程涉及面广，工程量大，影响因素多，所以施工前必须对所在地区的特征和技术经济条件进行调查研究，并向设计单位、勘测单位及当地气象部门收集必要的资料。主要包括以下几方面。

（1）有关拟建工程的设计资料和设计意图，测量和记录水准点位置、原有各种地下管线位置等。

（2）各项自然条件资料，如气象资料和水文地质资料等。

（3）当地施工条件资料，如当地材料价格及供应情况，当地机具设备的供应情况，当地劳动力的组织形式，技术水平，交通运输情况及能力等。

（三）编制施工组织设计

施工组织设计是施工前准备工作的重要组成部分，又是指导现场准备工作、全面部署生产活动的依据，对于能否全面完成施工生产任务起着决定性作用，因此，在施工前必须收集有关资料，编制施工组织设计。

1. 道路施工组织设计的特点

（1）道路工程要用多种材料混合加工，因此，道路的施工必须和采掘、加工、储存材料的基地工作密切联系。组织路面施工时，也应考虑混合料拌和站的情况，包括拌和站的规模、位置等。

(2) 在设计路面施工进度时必须考虑路面施工的特殊要求。例如，沥青类路面不宜在气温过低时施工，这就需安排在温度相对适宜的时间内施工。

(3) 路面施工的工序较多，合理安排工序间的衔接是关键。垫层、基层、面层以及隔离带、路缘石等工序的安排，在确保养护期要求的条件下，应按照自下而上、先主体后附属的顺序进行。

2. 道路施工组织设计的编制程序

(1) 根据设计道路的类型，进行现场勘察与选择，确定材料供应范围及加工方法。

(2) 选择施工方法和施工工序。

(3) 计算工程量。

(4) 编制流水作业图，布置任务，组织工作班组。

(5) 编制工程进度计划。

(6) 编制人、材、机供应计划。

(7) 制定质量保证体系、文明施工及环境保护措施。

3. 编制施工预算

施工预算是施工单位内部编制的预算，是单位工程在施工时所需人工、材料、施工机械台班消耗数量和直接费用的标准，以便有计划、有组织地进行施工，从而达到节约人力、物力和财力的目的。其内容主要包括以下两方面。

(1) 编制说明书。包括编制的依据、方法、各项经济技术指标分析，以及新技术、新工艺在工程中的应用等。

(2) 工程预算书。主要包括工程量汇总表、主要材料汇总表、机械台班明细表、费用计算表、工程预算汇总表等。

三、组织准备

(一) 组建项目经理部

施工项目经理部是指在施工项目经理领导下的施工项目经营管理层，其职能是对施工项目实行全过程的综合管理。施工项目经理部是施工项目管理的中枢，是施工企业内部相对独立的一个综合性的责任单位。

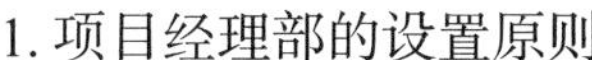

1. 项目经理部的设置原则

项目经理部的机构设置要根据项目的任务特点、规模、施工进度、规划等方面的条件确定，其中要特别遵循3个原则。

（1）项目经理部功能必须完备。

（2）项目经理部的机构设置必须根据施工项目的需要实行弹性建制，一方面要根据施工任务的特点确定设立部门类型，另一方面要根据施工进度和规划安排调节机构的人数。

（3）项目经理部的机构设置要坚持现代组织设计的原则：首先，要反映施工项目的目标要求；其次，要体现精简、效率、统一的原则，分工协作的原则和责权利统一原则。

2. 项目经理部的机构设置

施工项目经理部的设置和人员配备要根据项目的具体情况而定，一般应设置以下几个部门。

（1）工程技术部门：负责执行施工组织设计，组织实施，计算统计，施工现场管理，处理工程进展中随时出现的技术问题，调度施工机械，协调各部门之间以及与外部单位之间的关系。

（2）质安环保部门：负责施工过程中质量的检查、监督和控制工作，以及安全文明施工、消防保卫和环境保护等工作。

（3）材料供应部门：开工前应提出材料、机具供应计划，包括材料、机具计划量和供应渠道；在施工过程中，要负责施工现场各施工作业层间的材料协调，以保证施工进度。

（4）合同预算部门：主要负责合同管理、工程结算、索赔、资金收支、成本核算、财务管理和劳动分配等工作。

（二）组建专业施工班组

1. 选择施工班组

如在路面施工中，面层、基层和垫层除构造有变化外，工程量基本相同。因此，可以根据不同的面层、基层、垫层，选择不同的施工队伍，按均衡的流水作业施工。

2. 劳动力的调配

劳动力的调配一般应遵循如下规律：开始时调用少量工人进入工地做准备工作，随着工程的开展，陆续增加工作人员，工程全面展开时，可将工人人数增加到计划需要量的最高额，然后尽可能保持人数稳定，直到工程部分完成后，逐步分批减少人员数量，最后由少量工人完成收尾工作。尽可能避免工人数量骤增、骤减现象的发生。

四、其他准备工作

（一）施工现场准备

1. 施工现场准备

施工现场是参加道路施工的全体人员为优质、安全、低成本和高速度完成施工任务而进行工作的活动空间。施工现场准备工作是为拟建工程施工创造有利的施工条件和提供物质保证。其主要内容如下：

（1）拆除障碍物，做好“三通一平”工作；

（2）做好施工场地的控制网测量与放线；

（3）搭设临时设施；

（4）安装调试施工机具，做好建筑材料、构配件等的存放工作；

（5）做好冬、雨季施工安排；

（6）设置消防、安保设施和机构。

另外，路基、路面的施工均为长距离线形工程，受季节的影响很大，为使工程施工能保证质量、按期开工，必须做好线路复测、查桩、认桩工作，高温季节要做好降温防暑等工作。

（二）施工物资准备

1. 物资准备工作的内容

（1）材料的准备；

（2）配件和制品的加工准备；

（3）安装机具的准备；

（4）生产工艺设备的准备。

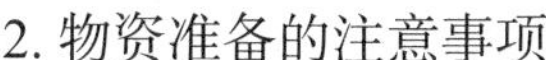

2. 物资准备的注意事项

（1）无出厂合格证明或没有按规定进行复验的原材料、不合格的配件，一律不得进场和使用。严格执行施工物资的进场检查验收制度，杜绝假冒伪劣产品进入施工现场。

（2）施工过程中要注意查验各种材料、构配件的质量和使用情况，对不符合质量要求，与原试验检测品种不符或有怀疑的，应提出复试或化学检验的要求。

（3）进场的机械设备必须进行开箱检查验收，产品的规格、型号、生产厂家、生产地点和出厂日期等必须与设计要求完全一致。

（三）施工准备工作的实施

1. 施工准备中各种关系的协调

项目施工涉及许多单位、企业、工程的协作和配合，因此，施工准备工作也必须将各专业、各工种的准备工作统筹安排，取得建设单位、设计单位、监理单位以及其他有关单位的大力支持，分工协作，才能顺利有效地实施。

2. 编制施工准备工作计划

为较好地落实各项施工准备工作，应根据各项准备工作的内容、时间和人员编制施工准备工作计划，责任落实到人，并加强对计划的检查和监督，保证准备工作如期完成。

3. 建立严格的施工准备工作责任制

施工准备工作范围广、项目多、时间长，故必须有严格的责任制，使施工准备工作得以真正落实。在编制了施工准备工作计划以后，就要按计划将责任明确到有关部门甚至个人，以便按计划要求的时间完成工作内容。各级技术负责人在施工准备工作中应负的领导责任应予以明确，以促使各级领导认真做好施工准备工作。现场施工准备工作应由项目经理部全权负责。

4. 建立施工准备工作检查制度

在施工准备工作实施的过程中，应定期进行检查，可按周、半月、月度进行检查。检查的目的是考察施工准备工作计划的执行情况。如果没有完成计划要求，应进行分析，找出原因，排除障碍，协调施工准备工作进度或调整施工准备工作计划。检查的方法包括：将实际与计划进行对比，即“对比法”；还有会议法，即相关单位或人员在一起开会，检查施工准备工作情况，当场分析产生问题的原因，提出解决问题的办法。后一种方法见效快，解决问题及时，可在制度中做相关规定，多予以采用。

5. 坚持按建设程序办事，实行开工报告和审批制度

当施工准备工作完成，且具备开工条件后，项目经理部应及时向监理工程师提出开工申请，经监理工程师审批，并下达开工令后，及时组织开工，不得拖延。

第四节　市政工程项目建设程序

一、建设程序的含义

建设程序是指工程项目建设全过程中各项工作必须遵循的先后顺序。它是基本建设全过程中各环节、各步骤之间客观存在的、不可破坏的先后顺序，是由建设工程项目本身的特点、客观规律和相关法律法规约束所决定的。进行工程项目建设，坚持按规定的基本建设程序办事，就是要求基本建设工作必须按照符合客观规律和法律法规要求的一定顺序进行，正确处理基本建设工作中从投资决策、勘察、设计、建设、安装、试车，直到竣工验收交付使用等各个阶段、各个环节之间的关系，达到提高投资效益的最终目的。这既是基本建设工作的一个重要问题，也是按照自然规律和经济规律管理建设工程项目建设的一个根本原则。

二、我国基本建设程序

一个建设工程项目从投资决策到建成投入使用，一般要经过决策、实施和投入运营三大阶段。各阶段又可细分。

（一）决策阶段

1. 项目建议书阶段

项目建议书是由投资者对准备建设的项目所提出的大体设想和建议。

主要是确定拟建项目的必要性和是否具备建设条件及拟建规模等，为进一步研究论证工作提供依据。从 1984 年起，国家明确规定所有国内建设项目都要经过项目建议书这一阶段，并规定了具体内容要求。与此阶段相联系的工作还有由有关主管部门所组织的对项目建议书进行立项评估等工作。项目建议书一经批准，就是项目“立项”，可以对项目建设的必要性和可行性进行深入研究，为项目的决策提供依据。

2. 可行性研究阶段

根据项目建议书的批复进行可行性研究工作。对项目在建设上的必要性、技术上的可行性、环境上的许可性、经济上的合理性和财务上的盈利性进行全面分析和论证，并推荐相对令人最为满意的建设方案。与此阶段相联系的工作还有由有关主管部门所组织的对可行性研究报告进行评估等工作。

（二）实施阶段

1. 设计阶段

根据项目可行性研究报告的批复，项目进入设计阶段。由于勘察工作是为设计提供基础数据和资料的工作，这一阶段也可称为勘察设计阶段，是项目决策后进入建设实施的重要准备阶段。设计阶段主要工作通常包括初步设计和施工图设计两个方面，对于技术复杂的项目还要专门进行技术设计工作。以上设计文件和资料是建设单位安排建设计划和组织项目施工的主要依据。

2. 施工阶段

（1）建设准备阶段：项目建设准备阶段的工作较多，主要包括申请列入固定资产投资计划、组织招标与投标以及开展各项施工准备工作等。这一阶段的工作质量，对保证项目顺利建设具有决定性作用。这一阶段工作就绪，即可编制开工报告，申请正式开工。

（2）施工阶段：在该阶段，通过具体的建筑安装活动来完成建筑产品的生产任务，最终形成工程实体。这是一个投入人力、物力和财力最大且最为集中的阶段。在这一阶段末，还需要完成工程动用前的一些生产准备工作。

（3）竣工验收阶段：这一阶段是建设项目实施全过程中的最后一个阶段，是检查、验收与考核项目建设成果、检验设计和施工质量的重要环节，也是建设项目能否由建设阶段顺利转入生产或使用阶段的一个重要阶段。

(三) 运营阶段

1. 后评价阶段

我国以前的基本建设程序中没有明确规定这一阶段，近几年，市政工程项目建设逐步转到讲求投资效益的轨道上来，国家开始对一些重大建设项目，在竣工验收投入使用后，规定要进行后评价工作，并将其正式列为基本建设程序之一。这主要是为了总结项目建设成功和失败的经验教训，供以后同类项目决策借鉴。

2. 投入使用

基本建设程序的投入使用阶段是指在完成基本建设项目的建设工作后，进行设备安装、试运行和正式投入使用的阶段。在这个阶段，各项设备将接入电源、进行调试，并经过一系列测试和检验，确保其能够稳定、高效地运行。这一阶段的顺利进行对于基础设施建设的进展和社会发展起着至关重要的作用。在基本建设程序的投入使用阶段，需要进行详细的计划和组织工作。首先，制定详细的设备安装和试运行进度表，明确各个环节的时间节点和责任人。同时，要安排专业技术人员进行设备的调试和安装，确保每个设备都能按照规定的要求正常运行。其次，在设备安装和试运行过程中，要进行全面的监督和检查。负责监督的专业人员需要严格按照有关标准和规范进行检查，确保设备的安装和试运行符合安全和质量要求。如果发现问题，要及时进行整改和调整，确保项目能够按时投入使用。

三、市政工程项目建设阶段划分

市政工程项目建设同其他工程项目一样，也应遵循我国的基本建设程序。但考虑到市政工程项目的行业特点，一般将其建设过程分为决策、准备、实施和收尾四个阶段。

(一) 决策阶段

这一阶段的主要任务是根据国民经济中长期发展规划及当地经济社会发展现状，提出并编制项目建议书，批复后再开展项目可行性研究报告编制工作，项目可行性研究报告经评审并批复后，编制建设项目计划任务书（又

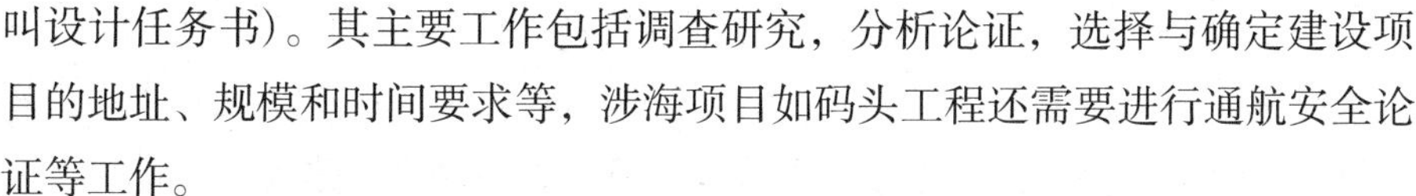

叫设计任务书）。其主要工作包括调查研究，分析论证，选择与确定建设项目的地址、规模和时间要求等，涉海项目如码头工程还需要进行通航安全论证等工作。

（二）准备阶段

项目取得工程可行性研究报告批复后，即有了明确的投资规模和建设内容，项目进入建设准备阶段。建设单位在这个阶段的主要任务是根据批准的计划任务书沿着两条工作线路图同步开展工作：一是工程建设的工作线路图；二是取得施工用地的工作线路图。

项目准备阶段业主管理的程序最多且错综复杂，环环相扣。虽然工作分为两条线路图，但在各自工作过程中，两条线路图在某些前置条件闭合后，才能继续后续工作。因此，科学合理地组织这一阶段的工作，可以大大加快这个阶段的工作进度和提高工作效率。

（三）实施阶段

建设单位在这一阶段的主要任务是根据设计图纸和有关国家、地方及行业的技术标准与规范，组织各类参建单位按计划投入人力、物力与财力，进行市政工程项目的施工生产活动，保质保量地完成工程建设任务，并做好竣工验收及交付使用前的各项准备工作等。

（四）收尾阶段

该阶段的主要任务是完成工程竣工收尾的所有工作，主要内容包括进行工程预验收、竣工验收与交付使用、资料归档及竣工报备、工程竣工结算、工程竣工决算、工程保修期管理、综合验收及固定资产移交、工程财务审计、项目后评价等。

四、市政工程项目建设程序的特点

市政工程与公路工程等其他工程的重要区别主要体现在：

（1）决策阶段涉及监督管理部门众多，除技术经济论证外，尚需通过有关部门的预审与评审。

市政工程项目与城市的生存与发展紧密相连，与城市市民的生活质量休戚相关，因此，在决策阶段需要通过有关部门的专项评价与论证，使其建设期间对百姓的生产、生活、出行和环境的影响最小，建成后让百姓在生产、生活、出行和环境方面受益最大。

（2）准备阶段应在加强沟通与协调的基础上完成相关准备工作。

市政工程涉及大量的管线迁移改造或新建工作。在项目准备阶段，各专业管线要按照土建设计单位的管线综合图进行各专业管线施工图设计，建设单位必须及时跟踪和协调解决设计进度及各种管线纵横交叉的矛盾问题。以上设计需要与土建工程设计同步完成并编制工程概算，为项目的顺利实施提供条件。

（3）各阶段相关工作应充分衔接与搭接。

市政工程项目交通情况复杂，社会关注度高，施工环境条件受到严格制约。在项目决策及准备过程中，需要充分研究项目的实施环境及可行性，要从场地施工条件和对交通影响程度进行综合考虑，在工程开工前先做好交通疏解的各项准备工作，否则，在施工过程中将会造成城市交通拥堵，甚至瘫痪。在此过程中要充分与交通管理部门沟通，利用交通管理部门管理者的知识与经验优化工程实施方案。

第二章　城市道路工程构造

第一节　城市道路线形设计简介

一、城市道路线形设计的相关概述

（一）城市道路线形设计定义

城市道路线形包括城市道路平面线形和城市道路纵断面线形。城市道路平面线形是城市道路线路在平面上的投影；城市道路纵断面线形是城市道路线路空间位置在立面上的投影。根据城市道路线路所处的地形、水文、地质条件，设计符合各种行车条件的城市道路平面线形和纵断面线形的工作，即城市道路线形设计。城市道路线形对行车速度、行车安全和舒适性的影响极大。因此，城市道路工程技术对城市道路线形制定了一系列技术指标。

（二）城市道路线形设计基本原则

城镇地区干线城市道路的选线和线形设计，必须注意以下各点：

（1）考虑沿途的土地利用类型。当进行城镇地区干线城市道路的线形设计时，特别要考虑路线经过地区的文化区和日常生活区。当干线城市道路割断沿途居民的居民区时，必然会给居民造成生活上和习惯上的不便，还影响到安全，有时不能发挥干线城市道路本身的性能。

（2）要考虑与既有城市道路网的关系，选定不形成多路交叉和变形交叉的线形。不得不采用这种线形时，也必须对交叉城市道路做一些调整和改善。

（3）从保证安全和提高通行能力的角度出发，应避免采用在立体交叉的端部或道口、城市高速道路的驶出驶入匝道的近处，设置平面交叉的线形。

（4）当设计城市道路时，为了保证行车的安全和顺适，必须尽量使各种

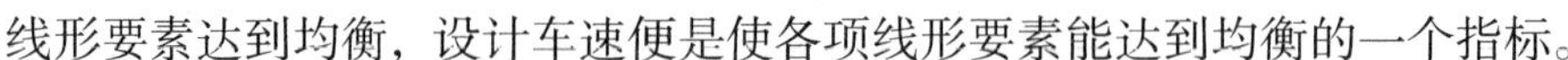

线形要素达到均衡，设计车速便是使各项线形要素能达到均衡的一个指标。

二、城市道路横断面设计

城市道路的横断面形式一般分为单幅路、双幅路、三幅路和四幅路四种类型。

(一) 单幅路

车行道上不设分车带，以路面画线标志组织交通，或虽不做画线标志，但机动车在中间行驶，非机动车在两侧靠右行驶的称为单幅路。单幅路适用于机动车交通量不大、非机动车交通量小的城市次干路、大城市支路，以及用地不足、拆迁困难的旧城市道路。当前，单幅路已经不具备机非错峰的混行优点，因为出于交通安全的考虑，即使混行也应用路面画线来区分机动车道和非机动车道。

(二) 双幅路

用中间分隔带分隔对向机动车车流，将车行道一分为二的，称为双幅路。它适用于单向两条机动车车道以上，非机动车较少的道路。有平行道路可供非机动车通行的快速路和郊区风景区道路以及横向高差大或地形特殊的路段，亦可采用双幅路。

城市双幅路不仅广泛使用在公路、一级公路、快速路等汽车专用道路上，而且已经广泛使用在新建城市的主、次干路上，其优点体现在以下几个方面：

(1) 其可通过双幅路的中间绿化带预留机动车道，以利于远期流量变化时拓宽车道的需要。可以在中央分隔带上设置行人保护区，保障过街行人的安全。

(2) 其可通过在人行道上设置非机动车道，使得机动车和非机动车通过高差进行分隔，避免在交叉口处混行，影响机动车通行效率。

(3) 其有中央分隔带，使绿化带比较集中地生长，同时也利于设置各种道路景观设施。

（三）三幅路

用两条分车带分隔机动车和非机动车流，将车行道分为三部分的，称为三幅路。它适用于机动车交通量不大，非机动车多，红线宽度大于或等于40 m的主干道。

三幅路虽然在路段上分隔了机动车和非机动车，但把大量的非机动车设在主干路上，会使平面交叉口或立体交叉口的交通组织变得很复杂，改造工程费用高，占地面积大。新规划的城市道路网应尽量在道路系统上实行快、慢交通分流，既可提高车速，保证交通安全，还能节约非机动车道的用地面积。

（四）四幅路

用三条分车带使机动车对向分流、机非分隔的道路称为四幅路。它适用于机动车量大，速度高的快速路，其两侧为辅路；也可用于单向两条机动车车道以上，非机动车多的主干路。四幅路还可用于中、小城市的景观大道，以宽阔的中央分隔带和机非绿化带为衬托。

一条道路宜采用相同形式的横断面。当道路横断面形式或横断面各组成部分的宽度变化时，应设过渡段，宜以交叉口或结构物为起止点。为保证快速路汽车行驶安全、通畅、快速，要求道路横断面选用双幅路形式，中间带留有一定宽度，以设置防眩、防撞设施。如有非机动车通行时，则应采用四幅路横断面，以保证行车安全。

城市道路为达到机非分流，通常采用三幅式断面，随着车速的提高，为保证机动车辆行驶安全，满足快速行车的需要，多采用四幅式断面，但三幅式、四幅式断面均不能解决快速干道沿线单位车辆的进出及一般路口处理。

为使城市快速干道真正达到机非分流、快速专用、全封闭、全立交，快速畅通，同时又为两侧地方车辆出入主线提供尽可能方便，并与路网能够较好地连接，必须建立机非各自的专用道系统。

三、纵断面线形设计

(一) 坡度和坡长

汽车在长大纵坡路段上行车，上坡容易因动力受限，行驶速度下降而影响车辆行驶的连续性，下坡会因制动器发热导致制动失灵，这都是很不安全的。因此，设计中作好坡度、坡长限制和缓和坡段的应用是十分重要的。

设计速度为 120 km/h、100 km/h、80 km/h 的高速城市道路受地形条件或其他特殊情况限制时，经技术经济论证，最大纵坡值可增加 1%。城市道路改建中，设计速度为 40 km/h、30 km/h、20 km/h 的利用原有城市道路的路段，经技术经济论证，最大纵坡值可增加 1%，越岭路线连续上坡（或下坡）路段，相对高差为 200 ~ 500 m 时，平均纵坡不应大于 5.5%；相对高差大于 500 m 时，平均纵坡不应大于 5%。任意连续 3 km 路段的平均纵坡不应大于 5.5%。

(二) 竖曲线半径和视距

过小的竖曲线半径将导致视距不足。凹形竖曲线过小还会引起离心加速度过大及排水问题；凸形竖曲线太小还会引起跳车，这些都是不安全因素。应逐个检查竖曲线半径和长度是否符合标准要求。对夜间交通量较大，沿线有跨路桥的路段，其半径和曲线长度应进行验算。

(三) 特殊路段纵坡设计

桥梁、隧道、立交桥等设施都是城市道路的组成部分，它们应当和路基一起构成一条平顺而连续的线形，才有利于汽车快速、安全行驶。但是，桥梁由于受设计洪水位和桥下通航净空的限制，桥面设计高程可能高于桥头引线路基高程，这就造成纵断面不平顺；隧道由于受地形限制和为了缩短洞长，减少投资，可能使纵坡过大、引线连接不平顺；洞内坡大，会使汽车排放有害气体增多；洞内湿度大，会降低路面抗滑能力，这些都不利于行车安全。

特殊路段纵坡必须满足以下几点要求：

（1）桥梁及其引道的平、纵、横技术指标应与路线总体布设相协调。桥上纵坡不宜大于4%，桥头引道纵坡不宜大于5%。位于市镇混合交通繁忙处，桥上纵坡和桥头引道纵坡均不得大于3%。桥头两端引道线形应与桥上线形相配合。

（2）隧道内的纵坡应小于3%但短于100 m的隧道不受此限。城市道路、一级城市道路的中、短隧道，当条件受限制时，经技术经济论证后最大纵坡可适当放大，但不宜大于4%。

（3）隧道洞口的连接线应与隧道线形相协调。隧道两端洞口连接线的纵坡应有一段距离与隧道纵坡保持一致。

（4）检查设计是否满足上述标准要求，并使桥、隧及其两端引的平、纵线形尽可能平顺，与周围环境相协调，使之视野开阔、视线良好。

（四）爬坡和避险车道

载货汽车在长上坡段行驶时，车速随坡长增大将明显下降，妨碍轻型车辆行驶，不但降低城市道路的通行能力，而且导致事故增加，需要为慢速车辆设置爬坡车道。对于已设置爬坡车道的路段，应对爬坡车道的长度、宽度以及标志、标线等进行评价。在长大下坡路段，连续4 km以上路段末设置停车区、加水冷却区等服务设施时，应根据沿线地形条件和交通组成特点，评价在下坡路段设置紧急避险车道的必要性。对于已设置紧急避险车道的路段，应评价设置间距能否满足行车安全要求，并对紧急避险车道的平纵面线形、长度、横断面宽度、路面材料、排水系统以及防撞护栏、标志、标线等进行评价。

（五）平纵线形组合

优良的道路几何线形组合设计应为：宽阔连续的视野能使驾驶员自觉地保持随时对车辆行驶状态进行及时的调整，并为驾驶员在遇到紧急情况时采取安全措施赢得时间。因此，设计时应注意以下几点：

（1）为了保证具有明显的立体曲线形体和排水优势，在设计时应该尽量做到平曲线与竖曲线相重合，平曲线稍长于竖曲线，即所谓的“平包竖”，取凸形竖曲线的半径为平曲线半径的10 ~ 20倍。应避免将小半径的竖曲线设在长的直线段上。

（2）保持平曲线和竖曲线两种线形大小的均衡，在平纵线形组合设计中极为重要。几何线形的均衡性是保证安全的重要前提。相关文献表明：若平曲线半径小于1000 m，竖曲线半径为平曲线半径的10～20倍时，便可达到均衡的目的。

（3）不良的线形组合。行车安全性的大小与不同线形之间的组合是否协调有密切的关系。下列线形组合往往是导致交通事故发生的重要原因，在线形设计中应予以避免并加以检查。例如，线形的骤变，如长直线的末端设置急转弯曲线，尤其是长下坡（大于1 km）接小半径曲线是有危险倾向的设计；纵断面反复凹凸，即形成只能看见脚下和前头，而看不见中间凹陷的线形；在凸形竖曲线与凹形竖曲线的顶部或底部插入急转弯的平曲线，前者因为没有视线引导而必须急打方向盘；后者在超出汽车设计速度的地方仍然要急打转向盘等。

四、平面线形设计

道路平面线形是指道路中心线和边线等在地表面上的垂直投影，由直线、曲线、缓和曲线、加宽等组成。道路平面布置反映了道路在地面上所呈现的形状和沿线两侧地形、地物的位置，以及道路设备、交叉、人工构筑物等的布置。它包括路中心线、边线、车行道、路肩和明沟等。城市道路包括机动车道、非机动车道、人行道、路缘石（侧石或道牙）、分隔带、分隔墩、各种检查井和进水口等。

道路的平面线形力求平顺，转折不要过多、过急。否则，路线走向曲折，往往限制人的视野，影响行车所必须保持的视距，使驾驶员操纵困难，行车不稳定。明确了道路走向后，在合乎交通要求并适应地形、地物的情况下，确定道路在平面上的直线、曲线、缓和曲线，使线形平顺地衔接，组成道路平面线形设计，以满足汽车行驶安全与迅速，使人的感觉舒适，以及运输和工程合乎经济等要求。

（一）城市道路平面设计原则

（1）线形应尽可能直捷，且与周围地形环境相适应。

（2）尽量采用大半径、缓和的曲线，避免急弯。

(3) 线形各部分应保持协调，如避免在长直线尽头有急弯或弯道突然由缓变急。

(4) 高、长填方路段应采用直线或缓弯。

(5) 在复曲线中，应避免采用曲率相差过多的曲线。

(6) 应避免设置断背曲线，即不要在两同向曲线间连以短的直线。

(7) 平面线形应与纵断面相协调。

(8) 路线遇到山坡陡峭起伏，上下两控制点的高差大，靠自然展线无法取得必要的距离以克服高差时，可利用地形设置回头曲线，展长距离，以便不超过最大纵坡。

(二) 道路平面线形设计内容

道路平面线形最基本的是直线和曲线。直线最短捷，但为了适应地形、地物条件，避开路线上的障碍物，并满足某些技术上和经济上的要求，往往插入曲线，以便车辆能够平顺地改变方向。这些曲线多用圆曲线，也称弯道或平曲线。

1. 平曲线半径与超高

汽车在平曲线路段上行驶时，将产生离心力。由于离心力作用，汽车将产生侧向滑移。车辆在曲线上稳定行驶的必要条件是横向力系数要小于路面提供的极限摩阻系数。圆曲线半径越大，横向力系数就越小，汽车就越稳定。所以从汽车行驶稳定性出发，圆曲线半径越大越好。但有时因受地形、地质、地物等因素的限制，圆曲线半径不可能设置得很大。因此，在路线设计中采取设置超高来减轻或消除横向力的影响。圆曲线半径应该尽可能大些，由于地理、地形条件等的限制，曲线半径往往不能太大，这就需要研究曲线半径的最小值，以保证行车的安全与舒适，必须对曲线行车的横向力的大小加以限制。横向力的大小是与圆曲线的半径成反比的，要想降低车辆弯道行驶时所受的横向力，就应采用较大的圆曲线半径。

另外还需注意：

(1) 检查采用的圆曲线半径是否与城市道路等级及行车速度相适应、超高与路面横向摩阻系数相协调。

(2) 当采用极限半径时，是否采取了相应的交通安全措施，如设立“急弯”警告标志、车道中心线标画实线等。

(3) 对于高等级城市道路应以运行速度进行验算。

2. 最小曲线半径

它是保证汽车在设置超高的曲线部分行驶时所产生的离心力不超过轮胎和路面的摩阻力所允许的界限，其中应考虑使乘车人感觉良好和驾驶员操纵方便。确定最小曲线半径时，必须综合考虑以下各项因素：汽车在曲线上行驶的速度与平稳性、乘客的舒适程度、车辆和轮胎的损耗、燃料的消耗以及修建费用等。

3. 加宽

汽车在平曲线上行驶时，各个车轮的轨迹不相同，靠平曲线内侧后轮的曲线半径最小，而靠平曲线外侧前轮行驶的半径最大，即在平曲线路段上行车部分宽度比直线路段大。为了汽车在转弯中不侵占相邻车道，平曲线路段的车行道必须靠曲线内侧加宽。加宽值根据车辆对向行驶时两车之间的相对位置，以及行车摆动幅度在平曲线上的变化综合确定，它又与平曲线半径、车型以及行车速度有关。

4. 超高

在设计平曲线时，由于受地形、地理等因素的影响，往往不可能都采用较大的平曲线半径，当采用较小的平曲线半径时，为使汽车转弯时不致倾覆和滑移，保证车辆行驶的稳定性，需将路面外侧提高，把原来的双面坡改成向内侧倾斜的单面坡。

5. 缓和曲线

当汽车从直线地段驶入曲线时，为了缓和行车方向的突变和离心力的突然发生和消失，并能使汽车不减速而平稳地通过，在平曲线两端采用适应汽车转向和离心力渐变的缓和曲线，用来连接直线和平曲线。

缓和曲线主要有三种线形，即回旋线（辐射螺旋线）、双纽线和三次抛物线。较理想的缓和曲线是汽车从直线段驶入一定半径的平曲线时，在不降低车速又能徐缓均匀转向的情况下，即汽车转弯的曲率半径从无穷大有规律地逐渐减小至平曲线半径，其中回旋线比较能符合上述要求。

按照等速行驶、等角速度转动方向盘的条件，求得的曲线称为回旋曲线。在回旋线方程中，如果近似地以曲线弦长代替弧长，就成为双纽线。如

果近似地以曲线沿切线的长度代替弧长，就成为三次抛物线。

6. 长直线

直线具有最短距离连接两控制点以及线形布设方便、容易施工等优点，但线形呆板，过长的直线会使驾驶员行车单调乏味、分散注意力、增加疲劳感，有时急于加速行驶往往对车距失去判断造成恶性交通事故，对行车安全不利。一般来说，直线长度不应大于设计速度的20倍，当采用时应采取弥补景观单调缺陷的技术措施。必须检查是否有大于设计速度20倍的直线，若存在，考虑是否有能弥补景观单调的技术措施，并判断采取的技术措施是否合理。

7. 短直线

同向曲线之间插入长度不够的直线，称为断背曲线。此类曲线容易产生把直线和两端曲线看成反向弯曲的错觉，整个线形缺乏连续性，容易导致驾驶失误。曲线间直线不够，对于有超高、加宽的反向曲线，将不能实现反向变化的平稳过渡，行车也是不安全的。两同向曲线间应设有足够长度的直线，不得以短直线相连，否则应调整线形使之成为一个单曲线或复曲线或运用回旋线组合成卵形、凸形、复合形等曲线。两反向曲线间夹有直线段时，以设置不小于最小直线长度的直线段为宜，否则应调整线形或运用回旋线而组合成S形曲线。

8. 城市道路桥隧两端的路线等特殊路线的设计

通常称桥梁引道路线为桥头路线。路线设计中，当桥位和隧道位置确定了以后再来考虑“接线”时，引线的技术标准一般偏低，有时甚至增加了路线不必要的长度。使用时事故多，运输效率低，在汽车燃料消耗上也造成浪费。

桥梁一般要高于最高洪水位，在通航的水流上有时要加上一个大于通航船只高度的净空。一方面引道纵坡要平缓，或坡度不能太大，使其不致造成上、下桥的困难；另一方面为了满足净空上的要求，引道路线不得不拉得很长。在水流的岸边，桥梁的引道或引桥与岸边的城市道路或街道设计成立体交叉，但是不宜直接相连。这时，从路线布设来说，着重考虑引道纵坡的大小，平面上的线形就是桥梁路线与水流直交的线形。

9. 城市道路路线与水流方向斜交

城市道路路线的方向与水流的方向在相当多的情况下是斜交的。通常的做法是使桥梁与水流正交，并在桥头设有相当长的直线段，然后再与城市道路路线相连接。这样的布置既有利于行车，也有利于桥梁的建造。在这种情况下，从路线布设上讲，就要注意桥头直线段要保持一定的长度，以免过桥就要转弯。在上述两种情况下，水流的方向在一定的范围内大体上是不变的。

道路的平面线形设计，除应符合相关技术标准的规定外，还要满足驾驶员的视觉要求。随着汽车车速的提高，对高速道路则逐渐趋向于以曲线为主的设计，以满足车速与地形相适应的要求。直线具有最短捷的距离和线形容易选定的优点，但从驾驶人员的感觉进行分析，行进的前方过分地一目了然，景观一般全是静的，就显得单调乏味，容易导致疲劳而丧失安全的警惕性。因此，应该避免使用过长的直线。在曲线上行驶的时候，从掌握道路的两侧景观和逐渐变化的全景来衡量，采用平缓的曲线，可引起驾驶人员的注意，促使他们自然握紧方向盘，而且由于从正面看到了路侧的景观，就起了诱导视线的作用。曲线越连续，就越增大视觉的平顺性。因此，以缓和曲线为主要线形加以灵活运用，既有利于获得良好的行驶效果，也为利用地形设置线形提供了更多的选择机会，能够作出既经济而又优美的平面线形。

五、城市道路交叉口设计

两条或两条以上道路的相交处，车辆、行人汇集、转向和疏散的必经之地，为交通的咽喉。因此，正确设计道路交叉口，合理组织、管理交叉口交通，是提高道路通行能力和保障交通安全的重要方面。

（一）道路交叉的分类及其选择

城市道路交叉宜分为平面交叉和立体交叉两类，应根据道路交通网规划、相交道路等级及有关技术、经济和环境效益的分析合理确定。道路交叉口分为平面交叉口、环形交叉口和立体交叉口。

1. 平面交叉口

平面交叉口是道路在同一个平面上相交形成的交叉口。通常有 T 形、Y 形、十字形、X 形、错位、环形等形式。车辆通过无交通管制的平面交叉口时，因驶向不同，相互交叉形成冲突点。机动车通过交叉口时的冲突点，在三岔路口如T形交叉口有3个；在四岔路口如十字形交叉口有16个；在五岔路口有50个。当非机动车也同时通过路口时，则冲突点就更多了。事实上每一个冲突点都是一个潜在的交通事故点。

平面交叉口的交通安全和通行能力，在很大程度上取决于交叉口的交通组织。通常用各种交通信号灯组织交通，环行组织交通，用各种交通岛（分车岛、中心岛、导向岛和安全岛）、交通标志、道路交通标线等渠化路口交通。

2. 立体交叉口

立体交叉口是道路不在同一个平面上相交形成的立体交叉。它将互相冲突的车流分别安排在不同高程的道路上，既保证了交通的通畅，也保障了交通安全。立体交叉主要由立交桥、引道和坡道3部分组成。立交桥是跨越道路的跨路桥或下穿道路的地道桥。引道是道路与立交桥相接的桥头路。坡道是道路与立交桥下路面连接的路段。互通式立体交叉还有连接上、下两条相交道路的匝道。

立体交叉主要由以下三部分组成：立交桥，跨越道路的跨路桥或下穿道路的地道桥；引道，道路与立交桥相接的桥头路；坡道，道路与立交桥下路面连接的路段。互通式立体交叉（如苜蓿叶式立体交叉）还有匝道。它是连接上、下两条相交道路的道路。车辆从匝道进入干道的路口为进口，从干道进入匝道的路口为出口。

城市立交按交通功能，立体交叉可分为分离式和互通式。

（1）分离式立体交叉：无匝道的立体交叉，仅修建立交桥，保证直行交通互不干扰，但不能互相连通。这种立交构造简单，占地少，工程量和投资少，适用于直行交通量大，转弯车辆少或被限制的路口。

（2）互通式立体交叉：设有连接上、下相交道路的匝道，可使各路车辆转向。根据车辆互通的完善程度又可分为完全互通式和部分互通式两种。完全互通式立体交叉能保证相交道路上每个方向的车辆行驶到其他方向，但其交通组织复杂，占地大，建设投资多。完全互通式立体交叉类型繁多，有苜蓿叶形、喇叭形、定向形、迂回形和环形等。苜蓿叶形立体交叉外形美观，占地大，左转车辆须穿过立交桥后沿环形匝道右转270°，绕行距离长，适宜于公路或城市外围市郊环路上。喇叭形立体交叉适用于三岔路口，行车安全便利，占地较少。定向形立体交叉是各方向均设有专用车道，行驶路线短捷，便利，但立交桥多，结构复杂，费用大，主要用于公路上。这种形式的立交有两层、三层和四层之分。迂回形立体交叉是延长左转弯车辆行驶路线的一种类型，左转弯车辆须远引迂回绕行，转弯车辆均须交织行驶，但占地较少。环形立体交叉由平面环形交叉发展而来，是将直行道与环行道交叉，可确保主干道直行方向交通通畅。环形立交占地少，适宜于主干道直行交通量大的多岔路口，但环行道的通行能力有限。当相交干道直行交通量都很大时，可建成三层式或四层式，即上、下两层为直行道，中间层为环行道，供转弯车辆环行。

若路口某方向的交通量很少，为限制该方向的交通，或该方向交通仍作平面交叉处理，则可修建成部分互通式立体交叉。常见类型是菱形（亦称钻石形）立交和部分苜蓿叶形立交。菱形立交占地面积小，构造简单，建设投资少，可保证主干道直行交通畅通，但相交的主干道上尚有两处平面交叉口。部分苜蓿叶形立交多用于主要的转弯交通流集中在1个或数个象限内的情况，也有占地面积小、建设投资少的优点。其缺点是限制了某个方向或某几个方向上车流转弯。

立体交叉的布设，应考虑相交道路的性质、设计交通量及通行能力，交叉口交通性质与交通量分配。立体交叉的间距应能保证足够的交织段和视见交通标志的距离。

3. 环形交叉口

环形交叉口是在路口中间设置一个面积较大的环岛（中心岛），车辆交织进入环岛，并绕岛单向行驶。这样，既可使车辆以交织运行的方式来消除冲突点，同时又可通过环岛绿化美化街景。适宜采用环形交叉口的条件：地形开阔平坦；交叉口为四岔以上的路口；相交道路交通量均匀；左转弯交通量大；当有非机动车通过时，机动车交通量还要降低。其缺点是占地面积大，车辆须绕行，交通量增大时易阻塞，行人交通不便。

平面环形交叉口又称环交、转盘，在交叉口中央设置一个中心岛，车辆绕中心岛作逆时针单向行驶，连续不断地通过交叉口，这也是渠化交通的一种形式，使所有直行和左、右转弯车辆均能在交叉口沿同一方向顺序前进，避免发生周期性交通阻滞（相对于信号灯来管制），消灭了交叉口上的冲突点，提高了行车安全和交叉口的通行能力。

平面环形交叉口多适用于多条道路交会的交叉口和左转交通量较大的交叉口，一般不适用于快速路和主干路。当相交道路总数超过 8 条时，就应当考虑道路适当合并后再接入交叉口。

（1）中心岛形状和尺寸的确定：环形交叉口中心岛多采用圆形，主次干路相交的环形交叉口也可采用椭圆形的中心，并使其长轴沿主干路的方向，也可采用其他规则形状的几何图形或不规则的形状。

中心岛的半径首先应满足设计车速的需要，计算时按路段设计行车速度的 0.5 倍作为环道的设计车速，依此计算出环道的圆曲线半径，中心岛半径就是该圆曲线半径减去环道宽度的一半。

（2）环道的交织要求：环形交叉是以交织方式来完成直行同右转车辆进出路口的行驶，一般在中等交通密度，非机动车不多的情况下，最小交织距离最好不应小于 4 s 的运行距离。车辆沿最短距离方向行驶交织时的交角称为交织角，交织角越小，交通越安全。一般交织角在 20°~30° 之间为宜。

（3）环道宽度的确定：环道即环绕中心岛的车行道，其宽度需要根据环道上的行车要求确定。环道上一般布置 3 条机动车道，1 条车道绕行，1 条车道交织，1 条作为右转车道；同时还应设置 1 条专用的非机动车道。车道过多会造成行车的混乱，反而有碍安全。一般环道宽度选择 18 m 左右比较适当，即相当于 3 条机动车道和一条非机动车道，再加上弯道加宽值。

（二）道路交叉口设计原则

1. 平面交叉口设计

平面交叉口设计范围应包括该交叉口各条道路相交部分及其进出口道（展宽段和渐变段）以及行人、自行车过街设施所围成的空间。

（1）类型：平面交叉口按几何形状可分为十字形、T 形、Y 形、X 形、多叉形、错位及环形交叉口。

（2）设计原则：新建平面交叉口不得出现超过 4 叉的多路交叉口、错位交叉口、畸形交叉口以及交角小于 70° （特殊困难时为 45°）的斜交叉口。已有的错位多叉口、畸形交叉口应加强交通组织与管理，并尽可能加以改造。

平面交叉口间距应根据城市规模、路网规划、道路类型及其在城市中的区域位置而定；干路交叉口间距宜大致相等；各类交叉口最小间距应能满足转向车辆变换车道所需最短长度，满足红灯期车辆最大排队长度，以及满足进出口道总长度的要求，且不宜小于 150 m。

交叉口附近设置公交停靠站应根据公交线路走向、道路类型、交叉口交通状况，结合站点类别、规模、用地条件合理确定，应保证乘客安全，方便候乘、换乘、过街，有利于公交车安全停靠、顺利驶出，且不影响交叉口的通行能力。交叉口范围内有轨道交通时，应做好轨道交通与地面交通换乘设计。建筑物机动车出入口不得设在交叉口范围内，且不宜设置在主干路上，宜经支路或专为集散车辆用的地块内部道路与次干路相通。桥梁、隧道两端不宜设置平面交叉口。

2. 立体交叉口设计

立体交叉口设计范围应包括相交道路中线交点至各进出口变速车道渐变段的起终点间（包括道路主线、各条匝道及其加减速车道、集散车道、辅道、立体交叉范围内的平面交叉和行人、自行车通道和公交站点）所围成的空间。

交叉口设计应节约用地，合理拆迁。交叉口平面设计应与交通组织设计、交通信号控制及交通标志、标线等管理设施设计同步进行。平面交叉口设计时，应使进出口道通行能力与其上游路段通行能力相匹配，并注意与相邻交叉口之间的协调。立体交叉口的通行能力应与相交道路断面通行能力相匹配。交叉口设计应使行人过街便捷、安全，并适应残疾人、儿童、老人等弱势群体的通行要求。交叉口设计应妥善处理机动车与非机动车之间的相互干扰。

交叉口范围内的平面与竖向线形设计应尽量平缓，满足行车安全通畅、排水迅速、环境美观的要求。交叉口的设计高程应与周围建筑物高程协调，便于布设地下管线和地上设施。立体交叉口宜采用自流排水，减少泵站的设置。

六、城市道路线形设计中应注意的问题

线形是道路的骨架，它对行车的安全、舒适、经济及道路的通行能力起决定性的影响，还直接影响道路构造物设计、排水设计、土石方数量、路面工程及其他构造物，同时对沿线的经济发展、土地利用、工农业生产、居

民生活以及自然景观、环境协调也有很大影响。城市道路线形是由直线与曲线连接而成的空间立体线形形状，也就是道路中心线的空间描绘。线形设计不好，轻者乘客会感到不舒服，严重则影响车辆行驶的安全性，甚至造成交通事故。究其原因，道路设计规范只对某些技术指标，如平曲线半径、竖曲线半径、纵坡坡度、坡长等分别做了规定，而对这些指标之间的组合以及特殊性考虑甚少，如果设计人员不从行驶车辆的安全性上考虑，那么，设计出的道路就不一定会是一条好的道路。一条线形好的道路，应该首先保证车辆安全、迅速、舒适地行驶。

（一）平面线形设计原则

通常，平面线形设计应遵循以下原则：

（1）道路平面位置应按城市道路总体规划道路网布置。

（2）道路平面线形应与地形、地质、水文等结合，并且符合各级道路的技术指标。

（3）道路平面设计应处理好直线与平曲线的衔接，合理地设置缓和曲线、超高和加宽等。

（4）道路平面设计应根据道路等级合理设置交叉口、沿线建筑物出入口、停车场出入口、分隔带断口、公共交通停靠站位置等。

（5）平面线形设计应少占耕地，少与水系、交通、电力、通信网交错，尽量避免穿过居民区。

（6）路线布设应尽可能地平顺，一般采用较长的直线，较大半径的曲线，中间加入缓和曲线的线形，转向处偏角要少且线形要平顺。

（7）平面线形需分期进行时，应该满足近期使用要求，兼顾远期发展。

（二）小偏角的设计

其特指道路上偏角≤7°的情形。道路出现小偏角时，平曲线的长度看上去会比实际的短，驾驶员容易产生急转弯的错觉而急忙操作方向盘，造成行车事故，偏角愈小愈明显。实际上，小偏角是设计中平面定线最常采用的方法，因为它大多时候可以解决定线中遇到的困难。这种情形在城市道路设计中非常普遍。要取消一个小偏角常常很困难，有时还要增加一些工程量或

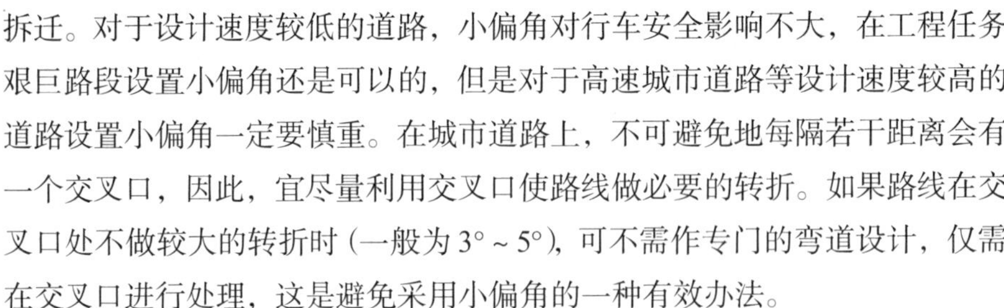

拆迁。对于设计速度较低的道路，小偏角对行车安全影响不大，在工程任务艰巨路段设置小偏角还是可以的，但是对于高速城市道路等设计速度较高的道路设置小偏角一定要慎重。在城市道路上，不可避免地每隔若干距离会有一个交叉口，因此，宜尽量利用交叉口使路线做必要的转折。如果路线在交叉口处不做较大的转折时（一般为 3° ~ 5°），可不需作专门的弯道设计，仅需在交叉口进行处理，这是避免采用小偏角的一种有效办法。

(三) 最小纵坡

城市道路纵断面设计时应尽量避免小于 0.3% 的纵坡。小于 0.3% 的纵坡，将造成路面排水不良，雨天行车溅水成雾，影响行车安全。同时，在路面上积水到一定厚度后，高速行车时，在车轮与路面间产生“水膜”现象，使轮胎与路面间的摩擦阻力大大降低，这时如果有情况需要制动减速，往往会酿成行车事故。最小纵坡要求不仅是为了满足最小排水要求，也是车辆安全行驶的需要。

(四) 超高及加宽的运用

对城市道路的超高问题，多年来在城市道路设计中颇有争论。我们从实践中认识到，在城市道路设计时，尽量不要用设置小半径加超高手法来满足设计行车速度的要求，特别是在靠近交叉口附近路段上更不能这样做。因此，在需要设置圆曲线时，如条件允许应尽量选用不设超高的曲线半径，不得已时，其超高坡度一般不宜大于 1.5%，即不超过路面的设计横坡。对城市道路的加宽问题，加宽值应按车道数加在道路机动车道的内侧，当内侧加宽有困难时，可在车道的内外侧同时加宽；其长度均采用缓和曲线或超高缓和段长度。

第二节　城市道路路基构造

一、路基的特点

城市道路路基是路面的基础，也是道路结构层的重要组成部分。路基的强度和稳定性是保证路面强度和稳定性的基本条件。如果保证了路基的强度和稳定性，对路面结构的稳定性将起到根本性的保证作用，否则路面结构做得再好，也会出现早期破坏，缩短维修周期，造成经济上的浪费和社会效益的损失。

路基是按照路线位置和一定技术要求修筑的带状构造物，是路面的基础，主要承受路面的重力及由路面传递下来的行车荷载与行人荷载，是城市道路的重要组成部分。它贯穿城市道路全线，与桥梁隧道相连，构成城市道路的主体。

作为城市道路建筑的主体，路基除承受路面的重力、行车和行人荷载以外，还受水流、雨雪、冰冻、风沙的侵袭。因此，路基本体必须坚实、稳固，具有足够的强度和耐久性，能抵抗各种自然因素的侵害。

此外，由于城市道路地下管线多，故路基不仅为路面及道路附属设施施工提供场地，而且为地下管线施工提供场所，并对各种地下管线设施起重要的保护作用。

城市道路路基工程除具有城市道路工程的一般特点，还具有工程施工中情况十分复杂，关系到各个方面的特点。特别是拆迁工作经常滞后，多头管理，众口难调，随之而来的“扯皮”“踢球”现象并不少见，不但影响了工期，也使原本就很困难的质量管理工作更难进行。

二、路基的要求

(一) 路基的基本要求

路基作为承受行车荷载的结构物，除断面尺寸和高程应符合设计标准的要求外，还应满足以下基本要求。

1. 具有足够的强度

路基承受由路面传递下来的行车荷载，还要承受路面和路基的自重，势必对路基土产生一定的压力。这些压力都可能使路基产生一定的变形，直接损坏路面的使用品质。因此，要求路基应具有足够的强度，以保证在车辆荷载、路面及路基自重作用下，变形不超过允许值。

2. 具有足够的整体稳定性

路基是直接在地面上填筑或挖去一部分地面构成的。路基修筑后改变了原地面的天然平衡状态。在某些地形、地质条件下，路堑边坡可能滑塌，路堤可能沿陡坡下滑。为使路基具有抵抗自然因素侵蚀的能力，必须采取一定的技术措施，保证路基整体结构的稳定性。

3. 具有足够的水温稳定性

路基在地面水和地下水的作用下，其强度将显著降低。特别是在季节性冰冻地区，由于水温状况的变化，路基将发生周期性冻融作用，使路基强度急剧下降。因此，对于路基，不仅要求有足够的强度，还应保证在最不利的水温状况下，保持其强度特性，即强度不显著降低，这就要求路基应具有一定的水温稳定性。

(二) 路基稳定性的影响因素

城市道路路基是一种线形结构物，具有距离长、与大自然接触面广的特点。其稳定性在很大程度上由当地自然条件决定。因此，需深入调查道路沿线的自然条件，从整体到局部，从地区到具体路段去分析研究，掌握各有关自然因素的变化规律、水温情况及人为因素对路基稳定性的影响，从而因地制宜地采取有效工程技术措施，以确保路基具有足够的强度和稳定性。

路基稳定性主要与下列因素有关。

1. 地理条件

道路沿线的地形、地貌和海拔高度不仅影响路线的选定，也影响路基设计。平原、丘陵、山岭各地势不同，水温情况各异。平原区地势平坦，地表易积水，地下水位相应较高，排水困难，因而加强排水设计至关重要；丘陵区地势起伏，山岭区地势陡峻，如排水设计不当，或地质情况不良，会降低路基的强度和稳定性，出现各种变形和破坏现象。

2. 地质条件

沿线的地质条件，如岩石的种类、成因、节理、风化程度和裂隙情况，岩石走向、倾向、倾角、层理和岩层厚度，有无夹层或遇水软化的岩层，以及有无断层或其他不良地质现象（岩溶、泥石流、地震等）都对路基的稳定性有一定的影响。

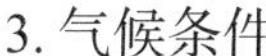

3. 气候条件

气候条件，如气温、降水、湿度、冰冻深度、日照、蒸发量、风向、风力等都会影响道路沿线地面水和地下水的状况，并且影响路基路面的水温状况。

4. 水文与地质条件

水文条件包括地面径流，河流洪水位、常水位及其排泄条件，有无地表积水和积水时期的长短，河流的淤积情况等。水文地质条件包括地下水位，地下水移动情况及其流量，有无泉水、层间水、裂隙水等。所有这些地面水及地下水都会影响路基的稳定性，如处理不当，常会导致路基的各种病害。

5. 土的类别

土是建筑路基的基本材料，不同的土类具有不同的工程性质，直接影响路基的形状、尺寸和稳定性。不同的土类含有不同粒径的土颗粒。砂粒成分多的土，强度构成以内摩擦力为主，强度高，受水影响小，但施工时不易压实。较细的砂，在渗流情况下容易流动，形成流沙。黏粒成分多的土，强度以形成黏聚力为主，其强度随密实程度不同变化较大，并随湿度的增大而降低。粉土类土毛细现象强烈，路基的强度随着毛细水的上升和湿度的增大而下降。在负温度坡差作用下，水分通过毛细作用移动并积聚，使局部土层湿度大幅度增加，造成路基冻胀，最后导致路基翻浆、路面结构层断裂等各种破坏。

三、路基的形式

路基承受着本身的岩土自重和路面重力，以及由路面传递而来的行车荷载，是整个道路构造的重要组成部分。为了满足行车的要求，路基有些部分高出原地面，需要填筑；有些部分低于原地面，需要开挖。因此，路基横断面形状各不相同。典型的路基横断面有全填式（路堤）、全挖式（路堑）、半填半挖式及不填不挖式四种类型。

（一）全填式（路堤）

高于原地面的填方路基称全填式（路堤）。路床以下的路堤分上、下两层，路床底面以下 80 ~ 150 cm 范围内的填方部分为上路堤，上路堤以下的填方部分为下路堤。

(二) 全挖式 (路堑)

低于原地面的挖方路基称为全挖式 (路堑)。

(三) 半填半挖式

在一个断面内，部分为路堤、部分为路堑的路基称为半填半挖式路基。若处理得当，路基稳定可靠，这种形式是比较经济的。但由于开挖部分路基为原状土，而填方部分为扰动土，往往这两部分密实程度不相同，若处理不当，这类路基会在填挖交界面处出现纵向裂缝等病害。因此，应加强填挖交界面结合处的压实。

(四) 不填不挖式

若原地面高程与路基高程基本相同，即构成不填不挖的路基断面形式。

四、路基的设计要求

路基设计应因地制宜，合理利用当地材料与工业废料。路基必须密实、均匀、稳定。路槽底面土基设计回弹模量值宜大于或等于 20 MPa，特殊情况不得小于 15 MPa。不能满足上述要求时应采取措施，提高土基强度。

(一) 路基设计调查

路基设计应进行下列调查工作：

(1) 查明沿线的土类或岩石类别，并确定其分布范围；选取代表性土样测定颗粒组成、天然含水率及液限、塑限；判断岩石的风化程度及节理发育情况。

(2) 查明沿线古河道、古池塘、古坟场的分布情况及其对路基均匀性的影响。

(3) 调查沿线地表水的来源、水位、积水时间与排水条件。

(4) 调查沿线浅层地下水的类型、水位及其变化规律，判断地下水对路基的影响程度。

(5) 调查该地区的降水量、蒸发量、冰冻深度、气温、地温与土基的天然含水率变化规律，确定土基强度的不利季节。

(6) 调查邻近地区原有道路路基的实际情况，作为新建道路路基设计的借鉴。

(7) 调查沿线地下管道回填土的土类及密实度。

(8) 调查道路所在地区的地震烈度。

(二) 路基土的分类

自然界的土往往是各种不同大小颗粒的混合物。在道路工程的勘察、设计与施工中，需要对组成路基土的混合物进行分析、计算与评价。因此，对路基土进行科学的分类与定名十分的必要。

我国道路用土依据土的颗粒组成特征、土的塑性指标和土中有机质存在的情况，分为巨粒土、粗粒土、细粒土、有机土和特殊土 5 类。

(三) 路基设计的基本要求

路基设计之前，应做好全面调查研究。改建道路设计时，还应收集历年路况资料及当地路基的翻浆、崩塌、水毁、沉降变形等病害的防治经验。

为保证路基的强度和稳定性，在进行路基设计时应符合下列要求：

(1) 路基必须密实、均匀、稳定。

(2) 路槽地面土基设计回弹模量值宜大于或等于 20 MPa，特殊情况下不得小于 15 MPa。不能满足上述要求时应采取措施提高土基强度。

(3) 路基设计应因地制宜，合理利用当地材料和工业废料。

(4) 对特殊地质、水文条件的路基，应结合当地经验按有关规范设计。

路基设计应根据当地自然条件和工程地质条件，选择适当的路基横断面形式和边坡坡度。河谷地段不宜侵占河床，可视具体情况设置其他的结构物和防护工程。

第三节　城市道路路面构造

一、路面的分类与分级

(一) 路面分类

从路面结构的力学特性和设计方法的相似性出发，将路面划分为柔性路面、刚性路面和半刚性路面三类。

1. 柔性路面

柔性路面的总体结构刚度较小，弯沉变形较大，抗弯拉强度较低，它通过各结构层将车辆荷载传递给土基，使土基承受较大的单位压力。路基路面结构主要靠抗压强度和抗剪强度承受车辆荷载的作用。柔性路面主要包括各种未经处理的粒料基层和各类沥青面层，碎（砾）石面层或块石面层组成的路面结构。

2. 刚性路面

刚性路面主要指用水泥混凝土作面层或基层的路面结构。它的抗弯拉强度高，弹性模量高，故呈现较大的刚性。路面结构主要靠水泥混凝土板的抗弯拉强度承受车辆荷载，通过板体的扩散分布作用，传递给基础上的单位压力较柔性路面小得多。

3. 半刚性路面

用水泥、石灰等无机结合料处治的土或碎（砾）石及含有水硬性结合料的工业废渣修筑的基层，在前期具有柔性路面的力学性质，后期的强度和刚度均有较大幅度的增长，但是最终的强度和刚度仍远小于水泥混凝土。由于这种材料的刚性处于柔性路面与刚性路面之间，因此，把这种基层和铺筑在它上面的沥青面层统称为半刚性路面。这种基层称为半刚性基层。

(二) 路面分级

通常按路面面层的使用品质、材料组成类型以及结构强度和稳定性，将路面分为四个等级。

1. 高级路面

高级路面的特点是强度高，刚度大，稳定性好，使用寿命长，能适应较繁重的交通量，路面平整，无尘埃，能保证高速行车。高级路面养护费用少，运输成本低，初期建设投资高。其适用于公路、一级公路、二级公路。

2. 次高级路面

次高级路面与高级路面相比，强度和刚度较差，使用寿命较短，所适应的交通量较小，行车速度也较低，初期建设投资虽较高级路面低些，但要求定期修理，养护费用和运输成本也较高。其适用于二级、三级公路。

3. 中级路面

中级路面的强度和刚度低，稳定性差，使用期限短，平整度差，易扬尘，仅能适应较小的交通量，行车速度低。初期建设投资虽然很低，但是养护工作量大，需要经常维修和补充材料，运输成本也高。其适用于三级、四级公路。

4. 低级路面

低级路面的强度和刚度最低，水稳定性差，路面平整性差，易扬尘，能保证低速行车，所适应的交通量最小，在雨季有时不能通车。初期建设投资最低，但要求经常养护修理，而且运输成本最高。其适用于四级公路。

二、对路面的基本要求

（一）承载能力

行驶在路面上的车辆，通过车轮把荷载传给路面，由路面传给路基，在路基路面结构内部产生应力、应变及位移。如果路基路面结构整体或某一组成部分的强度或抗变形能力不足以抵抗这些应力、应变及位移，则路面会出现断裂，路基路面结构会出现沉陷，路面表面会出现波浪或车辙，使路况恶化，服务水平下降。因此，要求路基路面结构整体及其各组成部分都具有与行车荷载相适应的承载能力。

结构承载能力包括强度与刚度两方面。路面结构应具有足够的强度以抵抗车轮荷载引起的各个部位的各种应力，如压应力、拉应力、剪应力等，保证不发生压碎、拉断、剪切等各种破坏。路基路面整体结构或各个结构层应具有足够的刚度，使得在车轮荷载作用下不发生过量的变形，不发生车辙、沉陷或波浪等各种病害。

（二）稳定性

在天然地表面建造的道路结构物改变了自然的平衡，在达到新的平衡状态之前，道路结构物处于一种暂时的不稳定状态。新建的路基路面结构袒露在大气之中，经常受到大气温度、降水与湿度变化的影响，结构物的物理、力学性质将随之发生变化，处于另外一种不稳定状态。路基路面结构能否经受这种不稳定状态，而保持工程设计所要求的几何形态及物理力学性质，称为路基路面结构的稳定性。

在地表上开挖或填筑路基，必然会改变原地面地层结构的受力状态。原来处于稳定状态的地层结构，有可能由于填挖筑路而引起不平衡，导致路基失稳。如在软土地层上修筑高路堤，或者在岩质或土质山坡上开挖深路堑时，有可能由于软土层承载能力不足，或者由于坡体失去支承，而出现路堤沉落或坡体坍塌破坏。路线如选在不稳定的地层上，则填筑或开挖路基会引发滑坡或坍塌等病害出现。因此，在选线、勘测、设计、施工中应密切注意，并采取必要的工程措施，以确保路基有足够的稳定性。

大气降水使得路基路面结构内部的湿度状态发生变化，低洼地带路基排水不良，长期积水，会使得矮路堤软化，失去承载能力。山坡路基，有时因排水不良，会引发滑坡或边坡滑塌。水泥混凝土路面，如果不能及时将水分排出结构层，会发生唧泥现象，冲刷基层，导致结构层被提前破坏。沥青混凝土路面中水分的侵蚀，会引起沥青结构层剥落，结构松散。砂石路面，在雨季时，会因雨水冲刷和渗入结构层，而导致强度下降，产生沉陷、松散等病害。因此，防水、排水是确保路基路面稳定的重要方面。

大气温度周期性的变化对路面结构的稳定性有重要影响，高温季节沥青路面软化，在车轮荷载作用下产生永久性变形，水泥混凝土结构在高温季节因结构变形产生过大内应力，导致路面压曲破坏。北方冰冻地区，在低温冰冻季节，水泥混凝土路面、沥青路面、半刚性基层由于低温收缩产生大量裂缝，最终失去承载能力。在严重冰冻地区，低温引起路基的不稳定是多方面的，低温会引起路基收缩裂缝，地下水源丰富的地区，低温会引起冻胀，路基上面的路面结构也随之发生断裂。春天融冻季节，在交通繁重的路段，

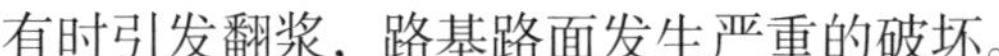

有时引发翻浆，路基路面发生严重的破坏。

（三）耐久性

路基路面工程投资昂贵，从规划、设计、施工至建成通车需要较长的时间，对于这样的大型工程都应有较长的使用年限，一般的道路工程使用年限至少数十年，承重并经受车辆直接碾压的路面部分要求使用年限在20年以上。因此，路基路面工程应具有耐久的性能。

路基路面在车辆荷载的反复作用与大气水温周期性的重复作用下，路面使用性能将逐年下降，强度与刚度将逐年衰变，路面材料的各项性能也可能由于老化衰变而引起路面结构的损坏。至于路基的稳定性也可能在长期经受自然因素的侵袭后，逐年削弱。因此，提高路基路面的耐久性，保持其强度、刚度、几何形态经久不衰，除了精心设计、精心施工、精选材料之外，要把长年的养护、维修、恢复路用性能的工作放在重要的位置。

（四）表面平整度

路面表面平整度是影响行车安全、行车舒适性以及运输效益的重要使用性能。特别是城市道路快速路，对路面平整度的要求更高。不平整的路面表面会增大行车阻力，并使车辆产生附加的振动作用。这种振动作用会造成行车颠簸，影响行车的速度和安全、驾驶的平稳和乘客的舒适。同时，振动作用还会对路面施加冲击力，从而加剧路面和汽车机件的损坏和轮胎的磨损，并增大油料的消耗。而且，不平整的路面还会积滞雨水，加速路面的破坏。因此，为了减少振动冲击力，提高行车速度和增进行车舒适性、安全性，路面应保持一定的平整度。

优良的路面平整度，要依靠优良的施工装备、精细的施工工艺、严格的施工质量控制以及经常和及时的养护来保证。同时，路面的平整度同整个路面结构和路基顶面的强度和抗变形能力有关，同结构层所用材料的强度、抗变形能力以及均匀性有很大关系。强度和抗变形能力差的路基路面结构和面层混合料，经不起车轮荷载的反复作用，极易出现沉陷、车辙和推挤破坏，从而形成不平整的路面表面。

(五) 表面抗滑性能

路面表面要求平整，但不宜光滑，汽车在光滑的路面上行驶时，车轮与路面之间缺乏足够的附着力或摩擦力。雨天高速行车，或紧急制动或突然起动，或爬坡、转弯时，车轮也易产生空转或打滑，致使行车速度降低，油料消耗增多，甚至引起严重的交通事故。通常用摩擦系数表征抗滑性能，摩擦系数小，则抗滑能力低，容易引起滑溜交通事故。对于城市快速路高速行车道，要求具有较高的抗滑性能。

路面表面的抗滑能力可以通过采用坚硬、耐磨、表面粗糙的粒料组成路面表层材料来实现，有时也可以采用一些工艺措施来实现，如水泥混凝土路面的刷毛或刻槽等。此外，路面上的积雪、浮冰或污泥等，也会降低路面的抗滑性能，必须及时予以清除。

(六) 少尘性及低噪声

汽车在砂石路面上行驶时，车身后面所产生的真空吸引力会将表层较细材料吸出而飞扬尘土，甚至导致路面松散、脱落和坑洞等破坏。扬尘还会加速汽车机件的损坏，减短行车视距，降低行车速度，而且对旅客和沿路居民的环境卫生以及货物和路旁农作物均带来不良影响。因此，要求路面在行车过程中尽量减少扬尘。汽车在路面上行驶时，除发动机等噪声外，路面不平整引起车身的振动是噪声的又一来源。为降低噪声，应提高路面施工的平整度水平。

三、路面的结构组成

行车荷载和自然因素对路面的影响，随深度的增加而逐渐减弱。因此，对路面材料的强度、抗变形能力和稳定性的要求也随深度的增加而逐渐降低。为了适应这一特点，路面结构通常是分层铺筑的，按照使用要求、受力状况、土基支承条件和自然因素影响程度的不同，分成若干层次。

(一) 面层

面层是直接同行车和大气接触的表面层次，它承受较大的行车荷载的垂直力、水平力即冲击力的作用，同时还受到降水的侵蚀和气温变化的影响。因此，同其他层次相比，面层应具有较高的结构强度、抗变形能力、较好的水稳定性和温度稳定性，而且应当耐磨、不透水，其表面还应有良好的抗滑性和平整度。

修筑面层所用的材料主要有水泥混凝土、沥青混凝土、沥青碎（砾）石混合料、砂砾或碎石掺土或不掺土的混合料以及块料等。

面层有时分两层或三层铺筑，如城市主干道沥青面层总厚度为18～20 cm，可分为上、中、下三层铺筑，并根据各分层的要求采用不同的级配等级。水泥混凝土路面也可分上、下两层铺筑，分别采用不同强度等级的水泥混凝土材料。水泥混凝土路面上加铺4 cm沥青混凝土，这样的复合式结构也是常见的。砂石路面上所铺的2～3 cm厚的磨耗层或1 cm厚的保护层，以及厚度不超过1 cm的简易沥青表面处治，不能作为一个独立的层次，应看作面层的一部分。

（二）基层

基层主要承受由面层传来的车辆荷载的垂直力，并扩散到下面的垫层和土基中去，实际上基层是路面结构中的承重层，它应具有足够的强度和刚度，并具有良好的扩散应力的能力。基层遭受大气因素的影响虽然比面层小，但是仍然有可能经受地下水和通过面层渗入雨水的浸湿，所以基层结构应具有足够的水稳定性。基层表面虽不直接供车辆行驶，但仍然要求有较好的平整度，这是保证面层平整性的基本条件。修筑基层的材料主要有各种结合料（如石灰、水泥或沥青等），稳定土或稳定碎（砾）石，贫水泥混凝土，天然砂砾，各种碎石或砾石、片石、块石或圆石，各种工业废渣（如煤渣、粉煤灰、矿渣、石灰渣等）和土、砂、石所组成的混合料等。

基层厚度太厚时，为保证工程质量可分为两层或三层铺筑。当采用不同材料修筑基层时，基层的最下层称为底基层，对底基层材料质量的要求较低，可使用当地材料来修筑。

（三）垫层

垫层介于土基与基层之间，它的功能是改善土基的湿度和温度状况，

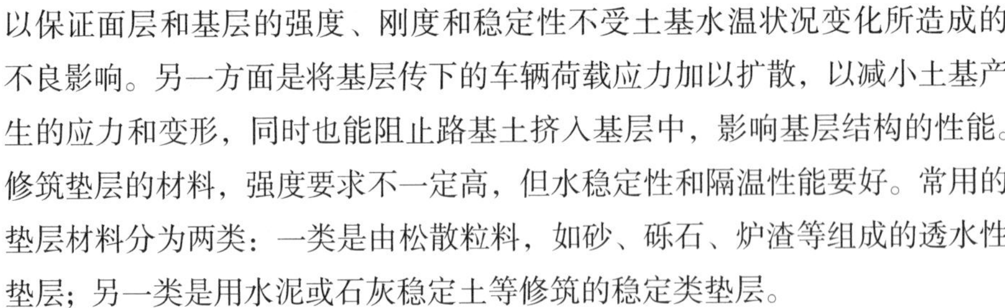
以保证面层和基层的强度、刚度和稳定性不受土基水温状况变化所造成的不良影响。另一方面是将基层传下的车辆荷载应力加以扩散，以减小土基产生的应力和变形，同时也能阻止路基土挤入基层中，影响基层结构的性能。修筑垫层的材料，强度要求不一定高，但水稳定性和隔温性能要好。常用的垫层材料分为两类：一类是由松散粒料，如砂、砾石、炉渣等组成的透水性垫层；另一类是用水泥或石灰稳定土等修筑的稳定类垫层。

第四节　城市道路排水设施构造

一、排水体制

生活污水是人们在日常生活中用过的水。它主要由厨房、卫生间、浴室等排出。生活污水含有大量的有机物，还带有许多病原微生物，经适当处理可以排入土壤或水体。

工业废水是工业生产过程中所产生的废水。它的水质、水量随工业性质的不同差异很大：有的较清洁，称为生产废水，如冷却水。有的污染严重，含有重金属、有毒物质或大量有机物、无机物，称为生产污水，如炼油厂、化工厂等生产污水。雨水、雪水在地面、屋面流过，带有城市中固有的污染物，如烟尘、有害气体等。此外，雨、雪水虽较清洁，但初期雨水污染较重。由于各种污水水质不同，我们可以用不同的管道系统来排除，这种将各种污水排除的方式称为排水体制。排水体制分为分流制和合流制。

(一) 分流制

用两个或两个以上的管道系统来分别汇集生活污水、工业废水和雨、雪水的排水方式称为分流制。在这种排水系统中有两个管道系统；污水管道系统排除生活污水和工业废水；雨水管道系统排除雨、雪水。当然有些分流制只设污水管道系统，不设雨水管道系统，雨、雪水沿路面、街道边沟或明沟自然排放。分流制排水系统可以做到清、浊分流，有利于环境保护，降低污水处理厂的处理水量，便于污水的综合利用，但工程投资大，施工较困难。

(二) 合流制

用一个管道系统将生活污水、工业废水、雨、雪水统一汇集排除的方式称为合流制。这种排水系统虽然工程投资较少、施工方便，但会使大量没经过处理的污水和雨水一起直接排入水体或土壤，造成环境污染。排水体制的应用应适合当地的自然条件、卫生要求、水质水量、地形条件、气候因素、水体情况及原有的排水设施、污水综合利用等条件。

二、道路排水系统分类

根据构造特点的不同，城市道路雨、雪水排水系统可分为以下几类:

(一) 明沟系统

在街坊入口、人行过街等地方增设一些沟盖板、涵管等过水结构物，使雨、雪水沿道路边沟排泄。纵向明沟可设在路面的一边或两边，也可以设在车行道的中间。在干旱少雨的地区可以将道路边的绿化带与排泄雨、雪水的明沟结合起来，这样既保证了路面不积水，又利用雨水进行了绿化灌溉。

(二) 暗管系统

其包括雨水口、连接管、干管、检查井、出水口等部分。

道路上及其相邻地区的地面水顺道路的纵坡、横坡流向车行道两侧的街沟，然后沿街沟的纵坡流入雨水口，再由连接管通向干管，最终排入附近的河滨或湖泊中。

雨水排除系统一般不设泵站，雨水靠重力排入水体。但某些地区地势平坦、区域较大的城市如上海、天津等，因为水体的水位高于出水口，常需设置泵站抽升雨水。

(三) 混合系统

城市中排除雨水可用暗管，也可用明沟，在一个城市中，也不一定只采用单一的系统来排除雨、雪水。明沟造价低，但对于建筑密度高、交通繁忙的地区，采用明沟需增加大量的桥涵费，并不一定经济，并影响交通和环境

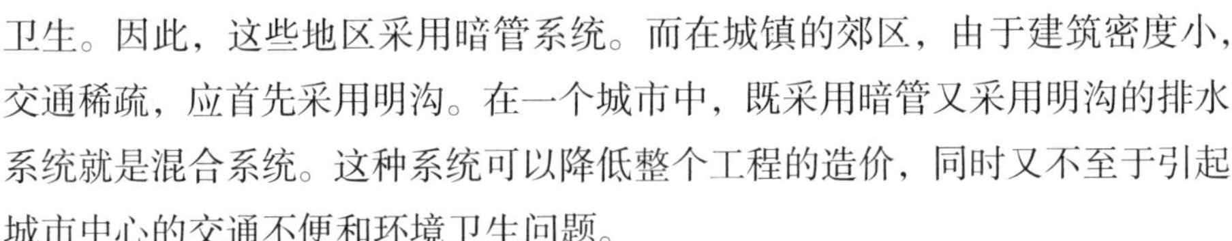
卫生。因此，这些地区采用暗管系统。而在城镇的郊区，由于建筑密度小，交通稀疏，应首先采用明沟。在一个城市中，既采用暗管又采用明沟的排水系统就是混合系统。这种系统可以降低整个工程的造价，同时又不至于引起城市中心的交通不便和环境卫生问题。

第五节　城市道路附属设施构造

一、人行道

人行道指的是道路中用路缘石或护栏及其他类似设施加以分隔的专供行人通行的部分。在城市里人行道是非常普遍的，一般街道旁均有人行道。有些地方的人行道与机动车道之间隔着草地或者树木。在乡村人行道比较少。在发达国家，许多地区的法律要求人行道上移除所有不便残疾人使用的设施，因此，在过马路的地方人行道专门降低到马路同一个水平，以便轮椅过马路。人行道作为城市道路中重要的组成部分之一，随着城市的快速发展，其使用功能已不再单纯是行人通行的专用通道，它在城市发展中被赋予了新的内涵，对城市交通的疏导、城市景观的营造、地下空间的利用、城市公用设施的依托都发挥着重要的作用。

(一) 人行道的宽度

人行道的主要功能是满足行人步行交通的需要，还要供植树、地上杆柱、埋设地下管线之用，以及用来布置护栏、交通标志宣传栏、清洁箱等交通附属设施。人行道总宽度既要考虑道路功能、沿街建筑性质、人流密度、地面上步行交通、种植行道树、立电线杆，还要考虑地下埋设工程管线所需要的密度。

(二) 人行道下的地下管线

地下管线和绿化布置与人行道宽度的关系。有的城市，如北京市，对于一般干道，一侧人行道宽度考虑至少不小于 6 m，这是考虑埋设电力线、电信线以及上水道三种基本管线所需要的，最小宽度为 4.5 m，加上绿化和路

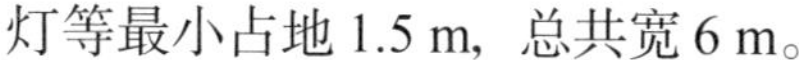

灯等最小占地 1.5 m，总共宽 6 m。

（三）人行道在横断面上的布置

人行道通常在道路两侧都有布置，一般布置成对称并等宽。但在受到地形限制或有其他特殊情况时，不一定要成对称等宽布置，可按其具体情况做灵活处理。例如，上海北火车站附近的一条道路，考虑实际情况，其两侧人行道就成为一边窄，一边宽。此外，在比较特殊地形的地段，有将人行道只布置在道路的单侧，这种布置形式将造成居民和行人出入、过路和步行的很大不便，一般应尽可能避免。不过，单侧布置的人行道适用于傍山、傍河的狭窄道路上。

二、城市道路无障碍设计

（一）城市道路无障碍实施范围

目前，无障碍设计越来越成为城市道路研究的热点。城市道路是人群通行的重要通道，不同的人群对其有不同的需求，它直接决定了人们在城市道路中出行的安全和舒适。随着残障人士社会活动的增加，人口老龄化的加剧，人们对生活质量要求的不断提高，全社会对城市无障碍设施建设要求与日俱增。城市道路无障碍设施建设，不但方便老、幼、弱、残疾人士等相对弱势人群的生活与出行活动，同时也会给广大普通人群的出行带来便利，提升了人们的生活质量。

（二）缘石坡道

1. 缘石坡道设计

缘石坡道设计应符合下列规定：

（1）人行道的各种路口必须设缘石坡道。

（2）缘石坡道应设在人行道的范围内，并应与人行横道相对应。

（3）缘石坡道可分为单面坡缘石坡道和三面坡缘石坡道。

（4）缘石坡道的坡面应平整，且不应光滑。

（5）缘石坡道下口高出车行道的地面不得大于 20 mm。

2. 单面坡缘石坡道设计

单面坡缘石坡道设计应符合下列规定：

(1) 单面坡缘石坡道可采用方形、长方形或扇形。

(2) 方形、长方形单面坡缘石坡道应与人行道的宽度相对应。

(3) 扇形单面坡缘石坡道下口宽度不应小于 1.50 m。

(4) 设在道路转角处单面坡缘石坡道上口宽度不宜小于 2.00 m。

(5) 单面坡缘石坡道的坡度不应大于 1 ∶ 20。

3. 三面坡缘石坡道设计

三面坡缘石坡道设计应符合下列规定：

(1) 三面坡缘石坡道的正面坡道宽度不应小于 1.20 m。

(2) 三面坡缘石坡道的正面及侧面的坡度不应大于 1 ∶ 12。

(三) 盲道

盲道是为盲人提供行路方便和安全的道路设施。人行道设置的盲道位置和走向，应方便让残疾者安全行走和顺利到达无障碍设施位置。盲道一般由两类砖铺设：一类是条形引导砖，引导盲人放心前行，称为行进盲道；另一类是带有圆点的提示砖，提示盲人前面有障碍，应该转弯了，称为提示盲道。

人行道设置的盲道位置和走向，应方便视障者安全行走和顺利到达无障碍设施位置；盲道应连续，中途不得有电线杆、拉线、树木等障碍物；另外，盲道应避开井盖铺设。一般盲道的颜色宜为中黄色。

三、绿化的作用和布置

道路上设置绿化带是城市道路不可缺少的组成部分，同时也是城市园林化建设中的重要组成部分。由于绿化对于城市的公共卫生、交通安全、文化生活、治安防火以及市容等方面都有重大意义，因此，设计城市道路时需要同时考虑道路绿化的布置问题。

(一) 城市道路绿化的作用

道路绿化的主要作用在于改善道路的卫生条件，调节温度与湿度，减少道路上的灰尘、烟雾以及喧闹对居民的影响，并可利用绿带划分道路的主要组成部分或不同性质的车辆和行人交通，埋设地下管线和作为道路发展的后备地带。此外，道路绿化还为居民和行人提供散步、休憩的场所，对建筑物有衬其美，藏其拙的作用，并能增添城市的景色。绿地或绿带还有能防止火灾蔓延，抵御风力、风沙的作用。

(二) 城市道路绿化的布置

道路绿化应在保证交通安全的条件下进行设计，无论选择种植位置、种植形式、种植规模等均应遵守这项原则。如果绿化布置不当，树叶侵入道路建筑限界或视距三角形范围内，树顶高度超过驾驶员目高，都会遮挡驾驶员视线，影响交通安全，这都是不允许的。

道路绿化布置的内容包括行道树、灌木丛(绿篱)、草地等。道路绿化布置可由这些部分配合起来进行综合性的运用。道路的绿化根据城市性质、道路功能、自然条件以及环境等，因地制宜地进行布置，决不应片面地追求形式。一般在靠近中央广场或巨大的公共建筑道路上，可布置用花、草、灌木等组成的街心花园。道路上最常见的绿化形式是沿人行道种植的行道树和分隔带分隔道路各组成部分的成行的树木。

行道树应选择树干挺直、树形美观、夏日遮阳、耐修剪，能抵抗病虫害、风灾及有害气体等的树种。当前在树种选择方面存在的主要问题是：乡土树种少，外来树种试种成功少，以致从北方到南方以悬铃木为行道树的城市很多，有的城市只有一种树种的行道树，道路绿化单调无特色。因此，各城市应及早组织技术人员有计划地进行试验，尽早研究出适合当地自然条件的新品种。一般认为乡土树种适应性较强，费用较低，应优先选用。

四、分车带

分车带是指在多幅道路上，用于分隔车辆，沿道路纵向设置的带状非行车部分，有活动式和固定式两种。按分隔的是机动车和机动车，还是机动车和非机动车，还可以分为中央分车带和两侧分车带。分车带的功能主要是分隔交通，避免相互干扰，有利于安全运行。此外，它也作行人过街停留避车及安设交通标志、公用设施与绿化之用。分车带还可以在路段处设置港湾式停车站，在交叉口为增设候驶车道提供场地，同时为远期路面展宽留有余地。

分车带通常由分隔带和两侧路缘带组成。分隔带是由路缘石砌成的带状非行车部分，通常高出路面 10 ~ 20 cm，在人行横道及公交车停靠站处，分隔带上面应进行铺装以方便行人或乘客候车及上、下车。路缘带设于路面与分隔带之间，起导向、连接、排水、增加侧向余宽等作用。为确保安全，满足植物的种植绿化，设防眩网、便于在平面交叉口处加左转车道等，作为分向作用的中央分车带其宽度应选用较大的值；当计算行车速度较低时，可不设两侧带，但应考虑安全带的宽度。支路可不设两侧带，但应保留 0.25 m 的侧向净宽。在我国北方一些城市，分车带的宽度还应考虑其临时堆放积雪的需要。两侧带的宽度可按临时堆放机动车道路面宽度之半的积雪量估算；中央分车带的宽度可按临时堆放路面全宽积雪量估算。

五、路缘石

路缘石指的是设在路面边缘的界石，简称缘石。它是作为设置在路面边缘与其他构造带分界的条石。它在路面上是区分车行道、人行道、绿地、隔离带和道路其他部分的界限，起到保障行人、车辆交通安全和保证路面边缘整齐的作用。其一般高出路面 10 cm。另外，在交通岛、安全岛都设置缘石。

缘石按其材质不同，一般可以分为水泥混凝土路缘石和天然石材路缘石。缘石按其截面尺寸不同，可以分为 H 形、T 形、R 形、F 形、L 形状的 RA 形路缘石和 P 形平面石，同时扩充有便于石材加工制作的 TF 形和 T 形路缘石。缘石按其线形不同，可以分为直线形路缘石和曲线形路缘石。缘石按其铺设的位置不同，一般分为侧石和平石。

第三章　城市道路工程施工

第一节　城市道路工程施工的内容和基本要求

一、概况

改革开放以来，我国许多大中城市迅速崛起，城市整体规划和基础设施建设逐步提升为政府行政管理工作的重要内容之一。伴随着城市经济的快速发展、居住人口的逐年增多、车辆的逐年增加，人们对出行质量的要求不断提高，城市道路工程建设项目也在不断地增加，投资额持续保持较高水平。而城市道路施工技术方面的研究却相对滞后。本章系统地梳理了城市道路建设的施工流程、施工技术、质量控制、新工艺、新方法，为今后的施工建设提供借鉴。

二、城市道路施工分类

(1) 新建道路：新建道路是城市规划或交通规划中明确的新建道路或决策机构筛选出的新建项目，新区、高新技术区、城市拓展区的道路建设属于这一类型。这一类型的道路施工相对简单，施工对周边道路交通影响也相对有限，只是在相交道路部分需要考虑交通阻隔及施工运输车辆造成的交通拥堵。

(2) 改建道路：大规模城市改造中原有道路不能适应发展要求，需要改造升级、拓建、绿化、美化。改建道路所在路网往往是交通量较大区域，改建道路的实施，不但影响自身路段的交通，还将自身的部分或全部交通负荷转移到周边的路网上，使已经饱和的路网交通压力陡然增大，往往造成整个区域的交通拥挤。改建道路根据建设项目的等级、规模和影响，按其对城市道路的施工占道情况分为完全占道、部分占道和不占道施工三类。

① 完全占道施工：完全占道施工是集中施工，完全封闭施工道路上的

交通。这种情况对道路交通的影响表现为：道路完全断流，车辆需绕道行驶，增加其他道路的交通压力，并可能导致相接道路成为断头路；影响周边建筑物的对外交通，包括车辆出行和行人出行；影响两侧人行道行人的正常通行；需要调整途径的公交线路，给市民的出行带来不便；改变现有的交通设施，对周边的环境产生影响。此种情况对城市的交通影响最大，道路交通组织需要慎重考虑。

② 部分占用道路施工：占用部分道路的施工是施工时分段或分方向地进行。这种情况对道路的影响表现为：道路被部分占用，容易形成交通瓶颈，道路通行能力减小；影响周围建筑物的对外交通，包括车辆和行人的出行；影响两侧人行道行人的正常出行；公交停靠设施可能需要迁移，增加市民的出行距离；同样对周边的交通环境会产生较大影响。对地区的交通非常敏感，稍有不慎也会导致地区的交通瘫痪。

③ 基本不占用道路的施工：不占用道路的施工是项目本身的道路红线很宽，断面形式便于改造，越线违章建筑较少，改建以断面改造为主，改造影响范围较小，基本不占用现有道路。此种情况对道路的交通影响相对较小，但出入施工场地的车辆可能会对相邻道路的交通产生一定影响，也会给周边建筑物的对外交通带来不便，应根据实际情况合理处理。

三、施工特点

（一）施工工期紧，任务重

交通是城市的命脉，这就决定了城市道路的建设必须在最短的时间内完成，以尽可能减少施工对社会的影响，并且尽快发挥其预定作用。因此，城市道路工程对施工工期的要求十分严格，工期只能提前，不能推后，施工单位往往根据总工期倒排进度计划。另外，城市道路施工一般都要进行交通封闭，而交通封闭都有明确的期限，到期必须开放交通，所以一旦交通封闭完成就必须立即开工，按期通车，按期开放交通。

（二）动迁量大，施工条件差

城市是居民生活的聚集区，各种建筑物占地面积广，导致部分建筑物处在道路红线范围内，需要进行拆迁。城市道路施工常常影响施工路段的环境和周围的交通，给市民的生活和生产带来不便，同时由于市民出行的干扰，导致施工场地受限，需要频繁的交通转换，增加了对道路工程进行进度控制、质量控制、安全管理的难度。

（三）地下管线复杂

城市道路工程建设实施当中，经常遇到电力、通信、燃气、热力、给排水的管道线网位置不明，产权单位提供的管位图与实际埋设位置出入较大的情况，若盲目施工极有可能挖断管线，造成重大的经济损失和严重的社会影响，增加额外的投资费用。

（四）管线迁改程序复杂，管线类型多，施工单位多，施工协调难度大

城市道路施工中往往涉及大量正在运营的既有线路的迁改和新建，由于这些管线分属不同的产权单位，不同专业施工门类，需要不同施工资质的施工单位，根据施工进展情况安排进出场，由此带来施工协调难度很大，需要建设单位组织定期召开协调会。

（五）质量控制难度大

在城市道路的施工中，由于工期紧，往往出现片面追求进度，忽视质量管理的情况。另外，城市道路路基施工中由于施工断面短小，给大型设备的使用带来困难，井周、管线回填、构造物回填等质量薄弱点多，路面施工中人、车流的干扰，客观上都对质量控制造成影响。

（六）车辆行人的干扰大，交通组织压力大

在城市道路施工期间，施工区域会占据部分行车线路，为了尽量减小城市道路施工对交通的影响，城市道路施工往往采取分段施工、分车道和分时段施工等诸多方法来尽量降低对交通的影响，但是由于上下班高峰期车流量特别大，施工路段的道路不能满足顺畅通车要求，容易造成拥堵现象。施工车辆与社会车辆、行人的交织也给交通及施工安全带来极大隐患，如何组织好交通，在城市道路建设中尤为重要。

(七) 环保要求高

城市道路施工期间，原材料的运输和装卸、施工机械作业等环节会造成周围道路的污染，会产生扬尘、噪声、污水、垃圾等对环境有不利影响的因素。随着人们环境保护意识的提高，这些不利因素都必须在施工中尽量消除和避免，尽量为人们维持一个安静、祥和的生活环境是城市道路施工的新任务。

(八) 景观绿化生态要求高

城市道路是城市景观的视觉走廊，同时也是城市文化、品质和风貌的展示窗口，也应该是人们了解、感受和体验城市绝佳的界面。随着打造“宜居城市”“环境友好城市”理念的提出，城市道路不再是传统意义上的人车出行通道，也赋予了美化城市、净化城市、亮化城市的职能。

四、主要施工内容

城市道路的主要施工内容如下：

(1) 管线施工。将各类管线预埋至地下，以充分利用城市道路的地下空间。管线的位置一般处在车道分隔带下方、非机动车道下方和道路两侧绿化带下方，这样既方便施工，又方便管线的维修。管线的种类不同，使得各类管线的施工工艺、工序不尽相同。

(2) 软基或特殊路段地基处理。是指如果地基不够坚固，为防止地基下沉拉裂造成路面破坏、沉降等事故，需要对软地基进行处理，使其沉降变得足够坚固，提高软地基的固结度和稳定性。目前主要的处理方法有换填、抛石填筑、盲沟、排水砂垫层、石灰浅坑法等。

(3) 路基施工。主要是通过土石方作业，修筑满足性能设计要求的路基结构物，并为路面结构层施工提供平台。路基的施工工艺较简单，但工程量较大，涉及面广，如土方调配、管线配合施工等。

(4) 路面施工。包括底基层施工、基层施工、面层施工。路面施工要求严格，必须使路面具有足够的强度，抵抗车辆对路面的破坏或产生过大的形变；具有较高的稳定性，使路面强度在使用期内不致因水文、温度等自然因素的影响而产生幅度过大的变化；具有一定的平整度，以减小车轮对路面的冲击力，保证车辆安全舒适地行驶；具有适当的抗滑能力，避免车辆在路面上行驶、起动和制动时发生滑溜危险；行车时不致产生过大的扬尘现象，以减少路面和车辆机件的损坏，减少环境污染。

(5) 路缘石。是设置在路面与其他构造物之间的标石，起到分割机动车道、非机动车道与人行道并引导行车视线的作用。

(6) 人行道。是城市道路中供行人行走的通道，人行道一般高于机动车、非机动车车道，人行道中必须按要求设置盲道，并与相邻构造物接顺。

(7) 城市道路绿化。是指在道路两旁及分隔带内栽植树木、花草以及护路林等以达到隔绝噪声、净化空气、美化环境的目的。道路绿化起到改善城市生态环境和丰富城市景观的作用，但需避免绿化影响交通安全。

(8) 另外，城市道路施工还包括公交站台、交通信号指挥系统、交通工程 (指示牌、交通标线)、照明及亮化工程的施工。

五、施工基本要求

路基施工要求有足够的强度，变形不超过允许值，整体稳定性好，具有足够的水稳定性。路面施工必须满足设计要求的承载力，平整度良好，具有较高的温度稳定性，抗滑指标、透水指标符合规范要求，尽量降低行车噪声。

桥头施工及管线铺设完成后需进行回填压实，压实过程需严格按照规范要求进行，确保桥头不跳车、管线部位路基无沉降。位于行车道内的管井口，需进行井周加固，防止井口下沉，施工中要严格控制井口高程，使得管井口与路面平顺无跳车。

管线、管廊在施工完成后应清理干净。雨水管出口应明确，并应与既有水系沟通。道路景观要充分利用道路沿线原有的地形地貌，因地制宜地进行绿化布局，在满足交通需要的前提下，突出自然与人文结合、景观与生态结合，形成城市独有的绿化景观文化。

路缘石施工要求缘石的质量符合设计要求，安砌稳固，顶面平整，缝宽密实，线条直顺，曲线圆滑美观；槽底基础和后背填料必须夯打密实；无杂物污染、排水口整齐、通畅、无阻水现象。

人行道施工要求铺砌稳固，表面平整，缝线直顺，灌浆饱满，无翘动、翘角、反坡、积水、空鼓等现象。盲道铺砌中砂浆应饱满，且表面平整、稳定、缝隙均匀。与检查井等构筑物相接时，应平整、美观，不得反坡。不得用在料石下填塞砂浆或支垫方法找平。在铺装完成并检查合格后，应及时灌缝。铺砌完成后，必须封闭交通，并应湿润养护，当水泥砂浆达到设计强度后，方可开放交通。行进盲道砌块与提示盲道砌块不得混用。盲道必须避开树池、检查井、杆线等障碍物。路口处盲道应铺设为无障碍形式。

第二节　城市道路施工开工准备

一、建设单位为施工所做的准备工作

（一）委托规划部门进行规划和设计

在完成道路项目的初步设计后，应及时委托规划部门进行管线的综合规划和设计。具体包括：

(1) 根据城市建设的总体规划确定需要预埋的管线。

(2) 与各管线单位沟通，结合工程所在区域的现状确定与道路匹配的管线走向。

(3) 结合施工图设计的要求明确与道路性质相符的管线位置及高程等。

（二）组织召开各管线单位参加的专题协调会

在管线综合规划完成后，建设单位的工程负责部门要做细致的准备工作，并及时组织召开有各管线单位分管负责人及相关人员、管线设计代表参加的专题协调会，其目的是通报项目情况、提供相关资料、明确任务。具体工作包括：

(1) 介绍项目规划、投资、设计、征拆情况，重点介绍项目计划开工时间、工程施工计划、竣工通车时间。

(2) 提供立项的纸质文件、管线综合设计的电子版给各管线单位。

(3) 对于已实施管廊同沟同井的单位，会议应确定牵头单位，以便统一、高效管理。

(4) 根据道路施工的开工竣工时间及项目施工总体计划，确定各管线单位完成管线设计、施工招投标及施工单位初步的进场时间。

(5) 明确沟通机制，及时汇总参会人员的通信方式并及时分发。

(6) 会后应尽快形成会议纪要，并将会议纪要及时传发各参会单位，同时报送各管线单位主管部门，寻求各主管部门的大力支持。

(三) 及时进行交通组织方案的审查

根据施工单位的申报，凡是涉及影响既有道路通车的施工，必须编制交通组织方案并经公安交通主管部门审查通过，方可根据交通组织方案实施封闭、分流、限流的措施。

(1) 帮助施工单位完成交通组织方案的编制，并进行初步审查。

(2) 敦促施工单位及时将交通组织方案上报公安交通主管部门。

(3) 组织由公安交通主管部门、设计、监理、施工单位参加的方案审查会。

(4) 根据会议要求，施工单位修改完善方案并根据方案要求及时完成指路标志、标识等的施工。

(5) 组织公安交通主管部门根据方案要求对各项交通组织设施进行验收，通过后办理相关手续 (登报通告等)，正式开工。

(6) 提醒施工单位，将通告的组织方案归档。

(四) 协调好城市道路配套设施的管线预埋

考虑到节省政府投资以及公交站台的亮化和信号指挥系统的同步实施，使得它们的通信管及供电管实现同沟，召开这样的协调会是必要的。会议将根据交警、公交部门各自的要求和规范，将预埋管的数量、种类和线路走向等放进照明系统的设计中，并由负责照明的施工单位统一负责预埋。

(五) 其他工作内容

(1) 定期组织有各管线产权单位及其施工单位、道路设计单位、道路监理单位、道路施工单位参加的管线施工协调会。各参建单位应在道路施工单位的统一组织安排下按序展开施工，但建设单位不能因此而不参与协调。事实上，在施工过程中还是会有许多矛盾，有些问题必须有建设方参与才能解决。

(2) 加强与道桥施工项目经理的沟通。一个合格的参与城市道路建设的项目经理必须有更强的大局意识，更加细致、踏实的工作作风和顽强的意志品质。一条城市道路能保质保量、完美地按时通车将意味着工完料清，没有返工现象发生，而要达到这个境界，建设方需做的工作将贯穿工程的全过程。

二、施工单位为施工所做的准备工作

(一) 道路沿线障碍物排查

施工单位进场以后首先要组织人员对照施工图纸，对施工区内的地下管线、地上杆线和影响施工的未拆迁建筑物进行排查。

地下既有管线包括雨水管、污水管、自来水管、燃气管、热力管、光缆、地埋电缆等。施工单位要及时和管线所属产权单位沟通，咨询管线有关单位，查看原有管线竣工图纸。由于竣工图纸与现场实际埋设的管线位置会有较大出入，所以应结合原有图纸和露出地面管井位置，在现场根据实际情况进一步沿垂直线路方向挖探测坑，沿线路方向挖探测沟，并在管线图纸上进行详细标注，特别是原有管线横穿施工路线的位置必须认真查明。

地上杆线的包括电力、通信等种类，施工单位应查明线路的性质，如电力线的电压等级及杆路编号、通信线的光缆芯数等，并在图上标注清楚，通知相关单位开协调会，确定迁移废除方案。随着城市道路建设标准的不断提高，为使建成道路景观协调、美观，现在一般都会要求电力、通信杆线由架空改为地埋，对于在施工期间要保持运营的电力，通信线路改地埋，要通过杆线的二次迁移(即先完成一次外迁，待电力管、通信管做通后再二次回迁)或调整施工顺序的方法来解决。道路红线范围内须拆迁障碍物的排查，应查明影响施工的障碍物类型、影响范围，如障碍物是影响主车道，还是辅道、绿化带，还是管线施工。对于排查结果，施工单位应及时上报建设单位，配合设计单位对设计图纸进行调整，应因地制宜处理，以尽量减少拆迁量，节约建设成本。

(二) 障碍物处理措施

所有障碍物调查清楚后，在业主的统一安排下及时和产权单位沟通，分成两类处理：一类是废弃迁建、重建的；另一类是不废弃照常使用的。对于废弃迁建的障碍物应通知产权单位按照施工工期的要求排定停用计划，产权单位停用后通知业主，再由业主通知施工单位处理。对不废弃的管线应在每次开挖前组织施工人员进行施工交底，明确管位及开挖注意事项。开挖时应通知管线所属单位进行监护，防止误挖。对于燃气、热力、自来水等有安全风险的管线开挖，应编制抢修应急预案，制订安全应急预案。对管线薄弱位置或开挖比较频繁的部位，要根据现场情况对原有管线进行防护、加固。在项目部应设置值班抢修电话，明确联系人，方便在发生管线损坏时及时抢修。

(三) 交通组织方案编制

城市道路的施工都会对原有车辆及行人的出行产生影响。新建道路仅在与原有道路的交叉口产生影响。改建道路因为施工类型的不同产生的影响程度有大有小，但科学合理的交通组织方案对减少施工对车辆、行人出行的影响，保障施工车辆的出入安全尤为重要。施工单位应根据现场道路施工情况及通行道路交叉情况编制临时交通组织方案，报交警部门审批。

编制原则：

(1) 社会车辆通行：尽量安排绕行，提前一个月在市政主要媒体发公告告知市民，在主要路口提前设置绕行告示，设置绕行标志。

(2) 公交线路：尽量调整公交线路和站点设置，确实无法避让的要在施工现场设置临时社会便道，或安排半幅通车，半幅施工。

(3) 沿线居民聚集区 (居民小区)：提前通告，并在小区附近设置施工告示牌，设置必要通道 (人车混行) 沟通小区与主要道路，并在沿线位置设置减速标志。

(4) 沿线厂矿企业：因出入货车或超长车辆多，根据具体需要设置社会便道，应考虑车辆转弯、超限需要。

（四）施工围挡及防护设施

施工区及道路交叉口应设置施工围挡，隔断施工区和人车联系，保障行人和社会车辆安全。邻近人车通行道路的基坑开挖应设置防护围栏，深基坑要采取牢固的基坑防护措施，防止可能的基坑塌陷，影响人车安全。

（五）防止环境污染的措施

除建立环境保护管理制度及考评制度外，应在施工车辆的出入口设置临时洗车点，防止车胎带泥污染路面；运土车辆不应装载太满或加装围挡板防止抛洒滴漏；施工便道、施工现场每天安排不定期的洒水，尽量减少扬尘；高噪声的工作避免安排在夜间施工；施工产生的建筑垃圾应运到政府指定的弃土场，严禁乱堆、乱倒；废水及生活污水应引流到污水管道。

（六）项目部建设

1. 新建项目的设置原则

新建道路施工组织及施工管理相对简单，项目部建设可以按照文明施工的要求临时征地搭建项目部。为方便管理，一般选择将项目部设置在标段中点，最好是临近既有道路以方便出行。沿道路两侧红线外临时征地搭设施工队临时营地，用于现场施工工人生活及施工机械停放，一般来说，临近水源地或既有道路设置属于较理想的设置。

2. 改建项目的设置原则

旧城区的规划道路及老路改造项目，施工组织和施工管理相对复杂，在老城区很难找到现成的空地用于搭建项目部，一般在道路沿线寻找租用废弃的村镇办公地、工厂办公区、停业的小酒店、空置门面房等，但不到万不得已尽量不在居民聚集区内设置项目办公区，减少对居民生活的干扰。现场施工工人生活及施工机械停放，可因地制宜采用租用民房或在征地红线内绿化带位置搭建或设置。

（七）项目临建设置

城市道路工程的临时设施建设大部分不需要设置在现场，混凝土可以采用商品混凝土，水泥稳定碎石、二灰碎石、沥青料均应采取厂拌方式运抵现场施工。旧城区的规划道路及老路改造项目的石灰消解场建议不放在现场，避免对城市环境造成危害。建议采取将石灰消解场设置在取土场附近，消解好的石灰按照掺灰量的70%～80%先行掺好，运抵现场后翻拌时补掺到设计用量。建议加快施工进度，减小对城市环境的影响。

第三节　城市道路路基施工

一、施工测量

（一）导线点、水准点复测

1. 控制点交付

进场前由设计院将道路导线、水准控制点、现场红线控制桩交付施工单位。

2. 测量仪器准备

测量仪器进场使用前应由有相关资质的单位校核并出具合格报告后方可使用。

3. 导线点复测及加密

导线点复核测角由已知点开始，沿导线前进方向逐点观测。全站仪（或经纬仪）依次安置于各导线点上，进行对中、整平，并瞄准相邻两导线点上的标杆底部或插在导线点木桩上的测钎下端。当遇短边时，更应仔细对中，并尽可能直接瞄准导线点桩上的小钉，以减小测角误差。在每站观测工作结束前，需当场进行检查计算，若发现观测结果超限或有错误时，应立即重新观测，直至符合要求后方可迁站。

加密的导线点应选在土质坚实、稳固可靠、便于保存的地方，视野应相对开阔，便于寻找。城市道路施工中，加密的导线点可设置在一些线外的、不易受施工扰动的构筑物上。加密后相邻导线点之间应通视良好，且相邻两点之间的视线倾角不宜过大。大型构造物一端应埋设两个以上平面控制点。

4. 水准点复测及加密

安置水准仪的测站至前、后视立尺点的距离，应尽量相等。其观测次

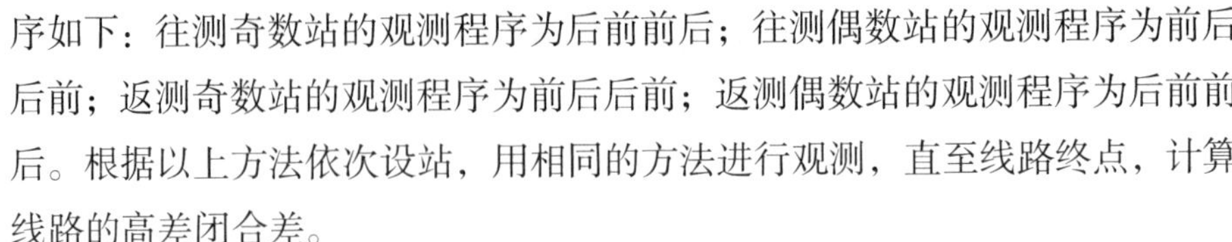
序如下：往测奇数站的观测程序为后前前后；往测偶数站的观测程序为前后后前；返测奇数站的观测程序为前后后前；返测偶数站的观测程序为后前前后。根据以上方法依次设站，用相同的方法进行观测，直至线路终点，计算线路的高差闭合差。

5. 建立导线水准点控制网

导线、水准点复测完成后，报监理工程师复核，经过与相邻标段导线水准网复核平差后，确认成果。联测导线水准点加密点，建立本项目导线水准控制网。

6. 基准导线水准点的保护及定期复测

导线、水准点一般用铆钉或者钢筋制作，然后将其埋入混凝土内，铆钉或钢筋露出的部分不宜过高或者过低，高了易碰撞，低了不易寻找。

城市道路施工中，导线、水准点一般要求每6个月复测一次。

（二）施工放样

在路基开工前，应根据路线中桩、设计图表进行放样工作。其工作内容主要有：

(1) 在中桩处标定填、挖高度。

(2) 测定各桩处横断面方向。

(3) 根据批复的导线成果表，放出中线，确立红线征地范围，并复测原地面高程。

(4) 根据填挖高程，确立填挖方的范围。

(5) 根据恢复的路线中桩、设计图表、施工工艺和有关规定，定出路基用地界桩和路堤坡脚、路堑坡顶、边沟、取土坑、弃土堆等具体位置桩。

(6) 边坡放样，按照设计边坡坡度、高度确定边坡位置。

(7) 移桩移点，即将施工过程难以保存的桩移设于路基范围以外。

二、施工实验

（一）组建工地试验室

根据业主单位要求建立工地试验室或委托有资质的单位进行相关工程

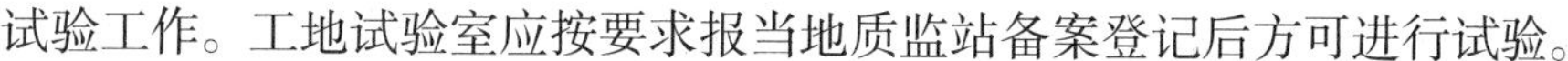

试验工作。工地试验室应按要求报当地质监站备案登记后方可进行试验。

（二）工地试验室用房及环境

工地试验室必须根据备案试验检测项目需要建设试验检测室，各检测室应注意采光、通风、温度、湿度、噪声、振动、灰尘、高温、辐射等影响条件，注意用电安全，规范危险品管理、废液废渣处理等。

（三）试验检测设备

工地试验室必须根据备案试验检测项目配备相应的试验检测设备。试验检测设备应按照规定定期检定、校准。设备检定、校准必须委托具有相应检定、校准参数资格的计量检定机构承担。工地试验室应对设备校准报告进行审核，确认试验检测设备能否满足要求。试验检测设备按照要求维护、保养和使用，设备状态标识清晰。

（四）基础试验

城市道路路基工程施工内容一般包括路基土石方工程、挡土墙工程、路基边坡防护等。主要基础试验包括土的液塑限试验，石灰的原材料试验，土方的标准击实试验（根据工程需要，分为轻型和重型击实试验），混凝土的原材料、配合比试验等。试验检测数据应报监理验证，并按批复的数据作为工程试验检测的依据。

三、一般路基施工

（一）清表

1. 确定清表范围及清表过程中的注意事项

根据施工图纸由测量队准确测量线路中桩及路基坡脚线位置、高程，并用白灰明显标记清楚。利用推土机、挖掘机及自卸车配合，对红线范围内的有机土、种植土围墙和垃圾等进行清理。清表过程中对于机械不能清理的部位如树根等应配合人工进行清除。清除完毕后对人工造成的坑穴应填平压实，并对其碾压至规定的压实度为止。清表时应做好临时排水设施，并将原地面积水排干，地基范围内的地下水出露处应严格按设计要求处理。清表后应取样，进行地基试验检测。

路基清表应按规范要求分段落、分层次进行，清表土方应整齐堆放于红线范围内，并集中运输至取土坑，以后作为客土喷播用。清表后要将路基上明显的凹坑处填平，隆起的土包推平，之后迅速碾压成型，保证一定平整度，并形成路拱便于排水。有条件的路段，可在碾压后及时上土进行土方填筑工作。要求做到清表一段，碾压一段，成型一段。清表和填前碾压作业面的前后距离保持在 300 ~ 400 m。

2. 清表后的场地要求

当地面横坡为 0 ~ 1 ∶ 10 时，填土前必须碾压至规定的压实度。当地面横坡为 1 ∶ 10 ~ 1 ∶ 5 时，填土前挖松再碾压。当地面横坡大于 1 ∶ 5 时，应自上而下挖台阶，台阶宽度应符合设计要求。零填地段应清表后挖至表面以下 0.8 m 后再回填压实。

3. 清表土的处理

将路基范围内的树木、灌木丛、杂草等进行砍伐或移植清理，并对清理出来的含有植物根系的地表土和腐殖土集中妥善存放在就近的界桩边界之处，统一运至弃土场，严禁填埋在路基填筑范围之内以致路基下沉。对于清表土可以堆放在路基主线范围外侧，待用作绿化土。

4. 填挖交界处的处理

填挖交界处的路基必须清除较松散的岩石以及地表植被有机土，以防路基出现不均匀沉降。

（二）路基主体施工

城市道路路基工程施工主要包括挖方段施工和填方段施工。

1. 挖方路段路基施工

（1）测量放线：先恢复定线，放出边线桩，在路基正式开工前，先进行排水系统的布设，防止在施工中路线外的水流入线内，并将线内的水（包括地面积水、雨水、地下渗水）迅速排出路基，保证施工顺利进行。

（2）土方开挖：路基土方开挖采用机械化施工，土方运距在 500 m 以内，选用挖掘机挖、推土机推；运距在 500 m 以外，使用挖掘机开挖，自卸车运输。

开挖路基按图纸要求自上而下地边挖边修整，严格按设计边坡和坡面形状进行，不能乱挖或超挖，严禁用爆破法施工或掏洞取土。对设计拟定的纵横向排水系统，要随着路基的开挖，适时组织施工，保证雨季不积水，并及时安排边沟、边坡的修整和防护，确保边坡稳定。路槽达到设计高程后，用平地机整平，刮出路拱，并预留压实量，最后用压路机压实，检查压实度。

(3) 施工重点：

① 挖方路基顶面必须修整，以适应路面施工的要求。

② 路堑较高地段，准确放出坡顶位置，严格按照设计边坡坡度要求开挖边坡，按设计做好边坡防护工程，避免松动坡顶土层和破坏自然植被，保证边坡坡顶稳定。

2. 填方段路基施工

(1) 路堤施工工艺流程

施工准备及制定填筑方案→测量放线→排水疏干→路堤基地处理→原地面平整碾压或挖台阶→分层填筑→分层压实→路槽开挖→路基整修→坡面防护→下道工序。

(2) 施工准备

① 用作路基填方的材料按招标文件要求进行试验，并经监理工程师认可。

② 用作路基填方的材料进行最大干密度试验，并报监理工程师审批。

③ 探明施工范围的管线，为路基的开挖做好准备。

(3) 测量放线

① 根据已建立的测量控制网进行道路中线的复测和绑定。

② 复测并固定路线的主要控制桩点、转点、圆曲线和缓和曲线的起讫点，补设竖曲线起、中、讫点，恢复失落的中桩。

③ 复测并固定为间接测量所布设的重要控制点。

④ 当路线的重要控制桩点在施工中有被挖掉或掩埋的可能时，要视当地地形条件和地物情况采取有效的方法进行固定。

第四节　城市道路路面施工

一、市政道路沥青路面结构组成

沥青路面结构层可由面层、基层、底基层组成。

(1) 面层是直接承受车轮荷载反复作用和自然因素影响的结构层，可由 1 ~ 3 层组成。表面层应根据使用要求设置抗滑耐磨、密实稳定的沥青层；中面层、下面层应根据公路等级、沥青层厚度、气候条件等选择适当的沥青结构层。

(2) 基层是设置在面层之下，并与面层一起将车轮荷载的反复作用传递到底基层、垫层、土基，起主要承重作用的层次。基层材料的强度指标应有较高的要求。基层视公路等级或交通量的需要可设置一层或两层。当基层较厚需分两层施工时，可分别称为上基层、下基层。

(3) 底基层是设置在基层之下，并与面层、基层一起承受车轮荷载反复作用，起次要承重作用的层次。底基层材料的强度指标要求可比基层材料略低。底基层视公路等级或交通量的需要可设置一层或两层。底基层较厚需分两层施工时，可分别称为上底基层、下底基层。

二、底基层的施工

(一)12% 石灰稳定土底基层

12% 灰土底基层施工常用有路拌法和厂拌法两种施工工艺，根据项目所处位置、周边环境等采用不同的施工工艺，在城镇人口密集区，应使用厂拌石灰土，不得使用路拌石灰土。

1. 主要材料要求

(1) 土：宜采用塑性指数 10 ~ 15 的亚黏土、黏土。塑性指数大于 4 的砂性土亦可使用。土中的有机物含量宜小于 10%。

(2) 石灰：宜用 1 ~ 3 级的新灰，石灰的技术指标应符合规定。磨细生石灰，可不经消解直接使用；块灰应在使用前 2 ~ 3 d 完成消解，未能消解的生石灰块应筛除，消解石灰的粒径不得大于 10 mm。对储存较久或经过雨期的消解石灰应先经过试验，根据活性氧化物的含量决定能否使用和使用办法。

(3) 水：应符合国家现行标准《混凝土用水标准》(JGJ 63-2006) 的规定。宜使用饮用水及不含油类等杂质的清洁中性水，pH 宜为 6 ~ 8。

2. 设备配置

(1) 施工机具：底基层施工必须配备齐全的施工机具和配件，做好开工前各种机械的保养、试机工作，并保证在施工期间一般不发生有碍施工进度和质量的故障。12% 灰土底基层必须配备以下主要施工机械：

① 拌和深度大于松铺厚度的拌和机 (路拌法)。

②18 ~ 20 t 的三轮压路机、振动压路机和轮胎压路机。

③ 平地机、推土机。

④ 自卸汽车。

⑤ 装载机。

⑥ 挖土机。

⑦ 洒水车。

(2) 质量控制和质量检测主要仪器：为保证 12% 灰土底基层的施工质量，在 12% 灰土施工过程中，必须配备以下质量控制和质量检测仪器设备。所有仪器设备均需通过计量检定。

① 土壤液塑限联合测定仪。

② 石灰有效钙和氧化镁含量测定设备。

③ 重型击实仪。

④ 石灰剂量测定设备。

⑤12% 灰土试件制备与抗压强度测定设备。

⑥ 标准养护室。

⑦ 底基层密度检测设备。

3. 施工工艺

(1) 路拌法。施工工艺：施工放样→摊铺土→运输摊铺石灰→拌和→整平→碾压→养生。不能及时覆盖上层结构层的 12% 灰土，养生期不少于 7 d，采用洒水养生法，土工布覆盖，养生期间要保持灰土表面经常湿润。养生期内应封闭交通，除洒水车外禁止一切车辆通行。底基层完成后经验收合格，即可进行下道工序施工。

(2) 厂拌法。采用厂拌或路外拌和的石灰土应拌和均匀，且含水率应略大于最佳含水率。施工工艺：厂拌灰土→施工放样→铺石灰土→整平→碾压→养生。

(二) 低剂量水泥稳定碎石底基层施工

低剂量水泥稳定碎石底基层采用厂拌机摊法，水泥剂量在 2.5% ~ 3.5%。

1. 主要材料要求

(1) 水泥：

① 应选用初凝时间大于 3 h，终凝时间不小于 6 h 的 32.5 级、42.5 级普通硅酸盐水泥、矿渣硅酸盐水泥、火山灰硅酸盐水泥。水泥应有出厂合格证与生产日期，复验合格方可使用。

② 水泥储存期超过 3 个月或受潮，应进行性能试验，合格后方可使用。

(2) 碎石：碎石中针片状颗粒的总含量不超过 15%，且不得夹带黏土块、植物等。碎石压碎值不大于 28%。小于 0.6 mm 颗粒的液限小于 28%，塑性指数小于 9，砂当量不小于 50，细料中 0.075 mm 通过量不大于 12%。不同粒级石料分仓堆放。

(3) 水：水应符合国家现行标准《混凝土用水标准》(JGJ 63-2006) 的规定。宜使用饮用水及不含油类等杂质的清洁中性水，pH 宜为 6 ~ 8。

2. 设备配置

(1) 施工机械：必须配备齐全的施工机械和配件，做好开工前的保养、试机工作，并保证在施工期间一般不发生有碍施工进度和质量的故障。路面底基层施工，要求采用集中厂拌、摊铺机摊铺，要配备足够的拌和、运输摊铺、压实机械。

① 拌和机：根据质量与进度要求选用合适的拌和机，一般应选用产量大于 400 t/h 的拌和机，拌和机必须控制系统精确，性能稳定。为使混合料拌和均匀，拌缸要满足一定长度。料斗口必须安装钢筋滤网，筛除超出粒径规格的集料及杂物，料斗口宽度必须大于装载机的宽度 50 cm 以上，且料斗之间必须用钢板隔开，防止串料。拌和机的用水应配有大容量的储水箱。所有料斗、水箱、罐仓都要求装配高精度电子动态计量器，在使用前，电子动态计量器应经有资质的计量部门进行计量标定。

② 摊铺机：根据路面底基层的宽度、厚度选用合适的摊铺机，宽度大于 8 m 时应采用两台摊铺机梯队作业。

③ 压路机：应配备 12 t 左右轻型压路机 1 ~ 2 台，18 ~ 20 t 的稳压用压路机 2 ~ 3 台，振动压路机 2 ~ 3 台和胶轮压路机两台。压路机的吨位和台数必须与拌和机及摊铺机生产能力相匹配，使从加水拌和到碾压终了的时间不超过 2 h，保证施工正常进行。

④ 自卸汽车：其数量应与拌和设备、摊铺设备、压路机相匹配。

(2) 质量控制和质量检测主要仪器：

① 水泥胶砂强度、水泥凝结时间、安定性检验仪器。

② 水泥剂量测定设备。

③ 重型击实仪 (有条件可采用振动法成型设备)。

④ 水泥稳定碎石抗压试验设备与抗压强度测定设备。

⑤ 标准养护室。

⑥ 基层密度测定设备。

⑦ 标准筛 (方孔)。

⑧ 土壤液、塑限联合测定仪。

⑨ 压碎值仪、针片状测定仪器。

⑩ 取芯机。

第五节　城市道路附属设施施工

一、城市道路附属设施施工内容

城市道路的附属工程包括路缘石安装、人行道 (盲道) 铺设、标志标线、路灯、道路绿化、交通工程、监控设施等。

二、附属配套分类

按照施工习惯及工程施工资质的要求，路缘石安装、人行道 (盲道) 铺设两项工程属于路基施工单位完成的工作内容。标志标线、路灯安装、道路绿化、交通工程、监控设施另行招标安排有资质的单位施工。

三、路缘石的施工

城市道路路缘石施工分成现浇路缘石和预制路缘石，预制路缘石根据采用材料的不同又分为石质路缘石和混凝土预制路缘石。

（一）现浇路缘石施工工艺

1. 材料要求

（1）水泥。水泥应符合下列规定：采用 42.5 级以上的道路硅酸盐水泥或硅酸盐水泥、普通硅酸盐水泥、矿渣水泥。不同等级、厂牌、品种、出厂日期的水泥不得混存、混用。出厂期超过 3 个月或受潮的水泥，必须经过试验，合格后方可使用。

（2）粗集料。粗集料应符合下列规定：粗集料应采用质地坚硬、耐久、洁净的碎石、砾石、破碎砾石。

（3）细集料。细集料应符合下列规定：宜采用质地坚硬，细度模数在 2.5 以上，符合级配规定的洁净粗砂、中砂。

使用机制砂时，除应满足上述砂的技术要求的规定外，还应检验砂的磨光值，其值大于 35，不宜使用耐磨性较差的水成岩类机制砂。

（4）施工用水。施工用水应符合《混凝土用水标准》（JGJ 63-2006）规定，宜使用饮用水及不含油类等杂质的清洁中性水，pH 为 6 ~ 8。

（5）外加剂。外加剂应符合下列规定：外加剂宜使用无氯盐类的防冻剂、引气剂、减水剂等。外加剂应符合《混凝土外加剂》（GB 8076-2008）的有关规定，并应有合格证。

2. 机械、工具

（1）机械：包括强制式搅拌机、切割机、自行式自动化缘石机（或带路缘成形附件的摊铺机）、混凝土罐车、洒水车、装载机。

（2）仪器设备：包括经纬仪、水准仪。

（3）工具：包括模板、手推车、铁锹、水平尺、钢卷尺、3 m 直尺、放线绳等。

3. 作业条件

（1）基层质量已验收合格。

(2) 原材料经见证取样检验合格。

(3) 混凝土施工配合比已获监理工程师批准。

(4) 施工现场无积水。

(5) 施工用水、用电已经接通。

(6) 已对作业层队伍进行全面技术、安全、质量、环保内容的交底。

(7) 无雨、雪天气，环境温度高于 5 ℃。

4. 工艺流程

现场浇筑成型路缘石施工工艺流程：基层验收→测量放样→路面切边→挖槽→拌制混凝土→混凝土运输→浇筑混凝土→缝设置→养护。

5. 操作要点

(1) 测量放样：路缘石的控制桩，直线段桩距宜为 10 ~ 15 m；曲线段桩距宜为 5 ~ 10 m；路口处桩距宜为 1 ~ 5 m。保证现浇路缘石的安装与路面工程整体的良好外观效果。

(2) 路面切边要拉线校核，切割时杜绝发电机、切边机漏油而污染路面。切边时的浮浆应及时清理干净。

(3) 挖槽应达到设计要求的深度以确保路缘石的埋置深度。铺设路缘石的基层应按照路基响应层次的压实要求压实成平整的基面。

(4) 模板施工：

① 模板采用全深立模，模板在使用前必须进行试组拼，保证接缝平整、严密，模板必须落在有足够承载力的地基上并支设牢固。

② 模板拆除应待混凝土强度达到 2.5 MPa 以上，拆模要采取措施，防止缘石表面划伤、掉角。

(5) 混凝土施工：

① 混凝土原材料、配合比与施工应符合下列规定：混凝土采用商品混凝土，配合比应经试配确定，其强度、抗冻性应符合设计规定，其和易性、流动性应满足施工要求，坍落度控制在 (16 ± 2) cm。

② 混凝土浇筑：

a. 混凝土浇筑前，模板内的污物、杂物应清理干净，积水排干，缝隙堵严。在浇筑过程中，应有专人负责巡视检查，遇有漏浆、漏水应及时补救。

b. 混凝土的浇筑应尽量减少对模板的冲击。

c. 混凝土应振捣密实，振捣至混凝土不再下沉、无显著气泡上升、表面平坦一致，开始浮现水泥浆为宜。

③ 水泥混凝土面层成活后，应及时养护。可选用保湿法和塑料膜覆盖等方法养护。

(6) 温度缝设置：缩缝按 3 ~ 5 m 等长设置，并与施工缝重合，缩缝宽度宜控制在 5 mm，深度应大于 40 mm。可用切割机切成 5 mm 明缝。切缝应在混凝土达到强度后立即进行。胀缝应使用 40 mm 厚的伸缩缝填料以 100 m 的间距设置。

(7) 回填土：路缘石混凝土达到设计规定强度后方可回填土。回填土的压实度应符合路基压实度要求。最后应清理工作现场，以确保路面的整洁。

(8) 季节性施工：

① 雨季应对预制场地做好排水工作，确保道路通畅。

② 冬季施工时，应做好保温防冻工作。

③ 当气温超过 30 ℃时，混凝土中宜掺加缓凝剂等外掺剂。

6. 质量标准

路缘石砌筑质量检验应符合下列规定：

(1) 主控项目：路缘石混凝土强度应符合设计要求。检查数量：每种、每检验批 1 组 (3 块)。检验方法：检查出厂检验报告并复验。

(2) 一般项目：路缘石应稳固、缝宽均匀、外露面清洁、线条顺畅，平缘石不阻水。

① 检查数量：全数检查。

② 检验方法：观察。

7. 安全环保措施

(1) 施工场地必须保证施工的正常进行，施工期间进行必要的维护。

(2) 施工现场的机械设备操作人员均必须持证上岗。

(3) 所有参与施工的人员必须接受现场专职安全员的安全知识培训，遵守施工现场的安全管理规定。

(4) 施工现场必须有专职安全员和兼职安全员，施工负责人是现场安全管理的第一责任人。

(5) 施工现场禁止非施工人员进入。

(6) 施工现场必须经常洒水，防止起尘，消除粉尘对环境的污染。

(7) 施工现场的各种生活垃圾和废水必须按有关规定处理。

(8) 施工完成后应及时清理现场，施工垃圾必须集中回收处理，严禁随意抛弃。

(二) 预制路缘石安装施工工艺

1. 材料要求

预制路缘石采用石材或预制混凝土制作。一般在城市主城区的主要干道或石料资源丰富地区采用实质路缘石，其余采用预制混凝土路缘石。路缘石生产厂应提供产品强度、规格尺寸等技术资料及产品合格证。路缘石采用标准块生产供应，路口、隔离带端部等曲线段路缘石，宜按设计弧形加工预制，也可采用小标准块。

(1) 石质路缘石：应采用质地坚硬的石料加工，强度应符合设计要求，宜选用花岗石。

(2) 预制混凝土路缘石应符合下列规定：

① 混凝土强度等级应符合设计要求。设计未规定时，不应小于 C30。

② 路缘石吸水率不得大于 8%。有抗冻要求的路缘石经 50 次冻融试验后，质量损失率应小于 3%；抗盐冻性路缘石经 25 次试验后，质量损失应小于 0.5 kg/m^2。

③ 水泥：强度等级不宜低于 32.5 级。水泥应有出厂合格证（含化学成分、物理标准），并经复验合格，方可使用。不同等级、厂牌、品种、出厂日期的水泥不能混存、混用。出厂期超过 3 个月或受潮的水泥，必须经过试验，合格后方可使用。

④ 粗集料：采用粒径 0.5 ~ 2.2 cm 的卵石或碎石。

⑤ 细集料：采用中砂，通过 0.315 mm 的筛孔的砂，不应少于 15%。

⑥ 施工用水：应符合《混凝土用水标准》(JGJ 63-2006) 的规定。宜使用饮用水及不含油类等杂质的清洁中性水，pH 为 6 ~ 8。

2. 机械、工具

(1) 机械：强制式搅拌机。

(2) 仪器设备：经纬仪、水准仪。

(3) 工具：手推车、铁锹、水平尺、钢卷尺、3 m 直尺、放线绳等。

3. 工艺流程

预制路缘石安装工艺流程：基层验收→测量放样→安放路缘石→浇筑混凝土→灌缝→养护。

4. 操作要点

(1) 由于路缘石容易损坏，路缘石运输途中车速不要过快，应防止颠簸，轻装轻卸。

(2) 路缘石基础宜与相应的基层同步施工。

(3) 安装路缘石的控制桩，直线段桩距宜为 10 ~ 15 m；曲线段桩距宜为 5 ~ 10 m；路口处桩距宜为 1 ~ 5 m，以保证路缘石的安装质量和路面工程整体的良好外观效果。

(4) 对下承层进行清扫、洒水，将搅和好的干硬性砂浆摊铺在路缘石的底部基础层，摆放路缘石并进行线条和高程的调整。砂浆应饱满、厚度均匀。路缘石砌筑应稳固、直线段顺直、曲线段圆顺、缝隙均匀，平缘石表面应平顺不阻水。

(5) 浇筑路缘石背后水泥混凝土支撑，并还土夯实。还土夯实宽度不宜小于 50 cm，高度不宜小于 15 cm，压实度不得小于 90%。

(6) 采用 M10 水泥砂浆对路缘石进行灌缝。灌缝应密实均匀，且无杂物污染，全线无明显色差。灌缝后，常温养护不应少于 3 d。

(7) 清理工作现场，以保证路面的整洁。

5. 质量标准

路缘石安砌质量检验应符合下列规定：

(1) 主控项目：混凝土路缘石强度应符合设计要求。检查数量：每种、每检验批 1 组 (3 块)。检查方法：检查出厂检验报告并复验。

(2) 一般项目：路缘石应砌筑稳固，砂浆饱满、勾缝密实，外露面清洁、线条顺畅，平缘石不阻水。

① 检查数量：全数检查。

② 检查方法：观察。

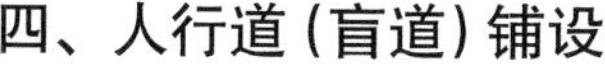

四、人行道（盲道）铺设

人行道一般采用料石面砖、预制混凝土砌块面砖铺砌而成，也有采用沥青混凝土、水泥混凝土铺筑人行道面层的，但不常见。

（一）材料要求

1. 料石面砖

应表面平整、粗糙，色泽、规格、尺寸应符合设计要求，其抗压强度不宜小于 80 MPa，料石面砖加工尺寸允许偏差应符合规定。

料石宜由预制场生产，并应提供强度、耐磨性能试验报告及产品合格证。

2. 水泥混凝土预制砌块

抗压强度应符合设计规定，设计未规定时，不宜低于 30 MPa。砌块应表面平整、粗糙、纹路清晰、棱角整齐，不得有蜂窝、露石、脱皮等现象；彩色砌块应色彩均匀。

预制砌块宜由预制场生产，并应提供强度耐磨性能试验报告及产品合格证。

（二）机械、工具

1. 机械

包括强制式搅拌机、碾压机、板材切割机、平板振动器。

2. 仪器设备

包括全站仪、经纬仪、水准仪等。

3. 工具

包括有手推车、铁锹、靠尺、水桶、铁袜子、木抹子、墨斗、钢卷尺、尼龙绳、橡胶锤、铁水平尺、砂轮锯、笤帚、弯角方尺。

（三）工艺流程

铺砌式面层施工工艺流程：准备工作→测量放线→铺垫层→试排→铺砌块层→嵌缝压实。

(四) 操作要点

1. 测量放线

按设计图样进行实地放线，标定高程，一般 10 m 为一桩，曲线段适当加密。若人行道外侧已按高程埋设侧石，则以侧石顶高为标准设计横坡放线。

2. 基层施工

料石预制混凝土砌块铺砌人行道基层采用石灰土，施工要求如下：

(1) 配料：按换算体积比配料、拌和。拌和土需通过 25 mm 方孔筛，大于 50 mm 的块要随时打碎。拌和过程中必须随拌和随洒水。要求拌和均匀，配比准确，严禁有未消解的石灰颗粒，不能有夹层和漏拌。

(2) 摊铺：将拌和好的灰土混合料按设计高程均匀摊开找平。现场人工摊铺时，压实系数宜为 1.65 ~ 1.70。

(3) 碾压：铺好的灰土混合料应当天碾压成活。碾压时的含水率宜在最佳含水率 ±2% 范围内。采用平碾压实时，应错半轴碾压至压实度符合要求。直线段，应由两侧向中心碾压；曲线段，应由内侧向外侧碾压；小面积的人行道基层和碾压不到之处，应采用振动夯实法。

(4) 养护：碾压或夯实达到密实度要求，检测高程横坡度和平整度，应有不少于一周的洒水养护，保持基层表面经常湿润，并按质量标准检验。

3. 面层施工

(1) 测量放样：按设计图样复核放线，用测量仪器打方格，并以对角线检验方正，定出基准线。每方格应根据路面预制块外形尺寸及道路宽度确定，一般为 5 m 左右为宜。然后在桩上标注设计高程，如有路缘石，应先砌筑路缘石并在路缘石边设定铺设路面砖基准点（起始铺筑点），根据铺砖的方向通过基准点设置两条互相垂直的基准线。顺路缘石铺砖时，路缘石即为一条基准线；当人字形铺砖时，基准线与路缘石夹角为 45 ℃，需设两个及以上路面砖基准点同时铺筑路面砖时，根据形状尺寸计算好两基准点之间的距离，两基准点的距离不宜过大，不宜超过 10 m，如距离较大，应根据工程规模及块型尺寸宜加设间距为 5 ~ 10 m 的纵、横平行路面砖的基准线，以控制铺筑精度。

（2）垫层施工：垫层一般采用无砂混凝土，无砂混凝土为透水混凝土，属于干性混凝土料，其初凝快，摊铺必须及时。对于人行道面，大面积施工采用分块隔仓方式进行摊铺物料，其松铺系数为1.1～1.15。将混合物均匀摊铺在工作面上，用括尺找准平整度和控制一定的泛水度，然而平板振动器（厚度厚的用平板振动器）或人工捣实，捣实不宜采用高频振动器。无砂混凝土振捣时振动器振动时间不能过长，因透水混凝土其孔隙率大，水分散失快，当气温高于35 ℃时，施工时间宜避开中午，适合在早晚进行施工。无砂混凝土应加强养护。

（3）铺筑路面砖：普通路面砖：按放线高程在方格内按线和标准缝宽砌第一行样板砖，然后以此挂纵、横线，纵线不动，横线平移，依次按线及样板砖砌筑。直线段纵线应向远处延伸，以保证纵缝直顺。曲线段可铺砌成扇形，空隙部分用切割砖或细石混凝土填筑，刻缝与花砖相仿以保持美观，也可按直线顺延铺筑，然后填补边缘处空隙。铺筑时，砖要轻放，并用木槌或胶槌轻击砖的中心，不得向砖底塞灰或支垫硬料，必须使砖平铺在满实的砂浆上，要稳定、无任何空隙；应随时用直尺检验平整度，出现问题及时修整；应避免与侧石出现空隙，如有空隙应调整均匀缝宽，或移在构筑物一侧，当构筑物一侧及井边出现空隙可用切割砖填平，必要时也可用细石混凝土补齐并使刻缝与花砖相仿，以保持美观。

连锁路面砖：从基准点看是沿基准线铺筑，基准线可视为路面砖的接缝边线，也可视为面砖相互垂直的顶角连线。这样，两条基准线用合适任何形状的路面砖铺筑，铺筑顺序应按路面砖基准线为准进行铺筑。连锁路面砖铺筑只将砖准确平放在砂垫层上即可，当路面砖接触到砂垫层时，不易横向移动，铺筑后砖之间应能相互咬合，形成拱壳以增加强度及整体性。多个基准点同时铺筑时，应把握好各基准点向外延伸的路面砖组合，避免产生面砖不能交汇的情况。

盲道：盲道砖应在人行道路中间设置，必须避开树池、检查井、杆线等障碍物，设置宽度应大于50 cm。铺筑方法与普通路面砖相同，铺筑时应注意行进盲道砌块与提示盲道砌块不得混用。路口处盲道应铺设为无障碍形式。

彩色花砖：应注意图案排列要整齐，颜色要一致，与附近建筑物及环境相协调。

(4) 灌缝和碾压：路面砖铺筑完毕后应进行碾压及灌缝。碾压宜使用专用手扶胶轮动碾。碾压方向应与路面砖长度方向垂直，灌缝用细砂，灌砂与振动碾压要反复进行，至灌满填实。当遇有常受侵蚀的地面，应采用1∶2的水泥细砂干浆灌缝，分多次灌入并浇水沉实养护。

(5) 清理：检测完工后应将分散在各处的物料集中，保持工地整洁。对完工后的面层根据质量要求进行检测和维修。

(五) 特殊部位处理

1. 树穴、绿化带

各种路面人行道均应按设计间隔和尺寸留出树穴或绿化带。树穴与侧石要方正衔接，绿化带要与侧石平行，其边缘应砌筑水泥混凝土预制块或路缘石；树穴缘石顶面高宜与人行道面平齐，树穴内砌筑种草预制块，其高程与缘石顶面高齐平以利于行人。常用树穴尺寸为100 cm × 100 cm、125 cm × 125 cm 和 150 cm × 150 cm 等。树穴尺寸应包括缘石在内。

2. 电线杆及各类检查井的衔接

人行道遇有永久性电线杆等构筑物时，铺筑沥青混凝土人行道或现浇水泥混凝土路面应铺齐。铺筑预制面砖应采用切割砖或细石水泥混凝土补齐，并应调整人行道各类检查井井圈高程至标准范围内。

3. 相邻建筑物

人行道与建筑物相邻时，人行道应与构筑物接顺，不得反坡，并留出人行道缺口。如相邻建筑物与人行道高差较大时，应考虑增设踏步或挡土墙。

(六) 质量标准

人行道 (含盲道) 质量检验应符合下列规定。

1. 主控项目

(1) 路床与基层压实度应大于或等于 90%。检查数量：每 100 m 检查 2 点。检验方法：环刀法、灌砂法、灌水法。

(2) 砂浆强度应符合设计要求：检查数量：同一配合比，每 1000 $m^2$1 组 (6 块)，不足 1000 m^2 取 1 组。检验方法：检查试验报告。

(3) 石材面砖强度、外观尺寸应符合设计规定及工艺要求。检查数量：

每检验批抽样检验。检验方法：检验出厂检验报告及复检报告。

(4) 混凝土预制砌块（含盲道砌块）强度应符合设计规定及工艺要求。检验数量：同一品种、规格、每检验批1组。检验方法：检查抗压强度试验报告。

(5) 盲道铺砌应正确：检查数量：全部检查。检验方法：观察。

2. 一般项目

(1) 铺砌人行道面层：铺砌应稳固、无翘动，表面平整、缝线直顺、缝宽均匀，灌缝饱满，无翘边、翘角、反坡、积水现象。

(2) 料石面砖铺筑允许偏差应符合规定。

五、季节性施工措施

(一) 雨季施工措施

雨季施工措施由于影响工程进度的主要因素是水，因此，在施工过程中要合理安排，确保雨水对工程进度和工程质量造成的影响降低到最小。

(1) 土方施工遇雨期时，应集中工力分段突击，完成一段再开一段，切忌在全线大挖大填。同时应选择雨前先施工因雨易翻浆处或低洼处。填土时宜留出3%以上的横坡，每日收工前或遇雨时，将已填土碾压坚实平整，防止表面积水。

(2) 雨期施工雨水管时，及时砌筑检查井，以防止泥土随雨水进入管道，对管径较小的管道，应从严要求。雨天不宜接口，接口时，应采取必要的防雨措施。

(3) 浇筑混凝土遇雨时，应做临时防雨措施，不得使雨水直接冲刷刚浇筑的混凝土上面。雨季需经常测定砂、石料含水率，根据含水率变化调整水泥混凝土的砂石用量和用水量。

(4) 水泥稳定碎石、石屑混合料摊铺时如遇雨，要在雨前或冒雨碾压密实。

(5) 雨季施工时不能忽视现场施工的电线、振捣器、闸刀等安全问题，不使用的设备要全部切断电源。

(6) 派专人检查材料（水泥、砂、石）及未稳定的设施、围堰等，以防雨水带来的隐患发生。

(7) 加强与气象台站联系，掌握天气预报，安排在不下雨时施工。

(8) 做好防雨准备，在料场和搅拌站搭雨棚，或施工现场搭可移动的罩棚，以保证对刚铺筑的水泥混凝土抹面成型。

(9) 勤测粗细集料的含水率，适时调整加水量，保证配合比的准确性。

(二) 高温天气施工措施

当施工现场的气温高于 30 ℃，混凝土拌和物温度在 30 ~ 35 ℃时，同时空气相对湿度小于 80% 时，应按高温施工季节的规定进行。

(1) 严控混凝土的配合比，必要时可适当掺加缓凝剂，特高温时段混凝土拌和可掺加降温材料（刨冰、冰块等）。尽量避开气温过高的时段，可选晚间施工。

(2) 加强拌制、运输、浇筑、做面等各工序衔接，尽量使运输和操作时间缩短。

(3) 加设临时罩棚，避免混凝土面板遭日晒，减少蒸发量。及时覆盖，加强养护，多洒水，保证正常硬化过程。

(4) 高温来临时，施工人员一定做好降温工作，砌筑工人尽量采取早上班、迟下班，中午多休息的方法施工。

(5) 水泥稳定层要及时浇水养护，防止因暴晒产生裂缝。

(6) 稳定层在拌和时要时刻改变用水量，由于气温在六七月份忽高忽低，为防止碾压后的稳定层出现裂缝或达不到强度要及时养护。

(7) 构件厂的预制构件（站石）也要洒水养护，否则到达现场的站石易出现强度不够的现象。

(三) 冬季施工措施

冬季施工措施根据各地区气象特点，在 11 月底至次年 2 月底之间，气温将会很低，在此期间要做好低温施工预防措施，确保工程质量。

1. 土方工程

当昼夜平均气温低于 0 ℃以下，且连续施工在 15 d 以上时进入冬季施工。

开挖冻土应先用机械刨除表面冻层，并应当开挖到规定深度，碾压成

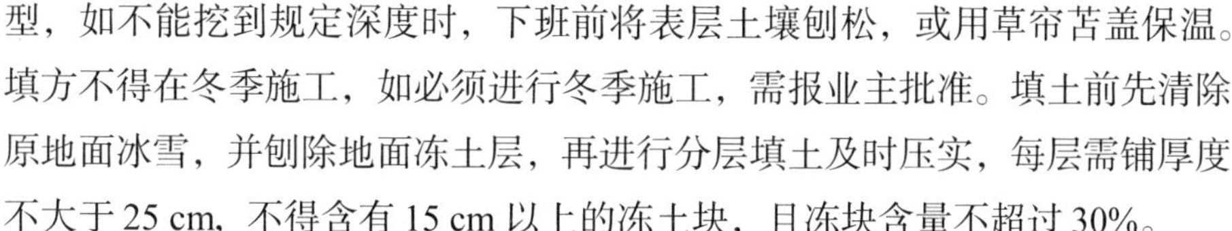
型，如不能挖到规定深度时，下班前将表层土壤刨松，或用草帘苫盖保温。填方不得在冬季施工，如必须进行冬季施工，需报业主批准。填土前先清除原地面冰雪，并刨除地面冻土层，再进行分层填土及时压实，每层需铺厚度不大于 25 cm，不得含有 15 cm 以上的冻土块，且冻块含量不超过 30%。

2. 混凝土类工程

施工现场日平均气温低于 5 ℃或最低气温低于 -3 ℃时，即按冬季施工的规定进行施工。混凝土冬季施工时，应对拌和用水进行加热，集料中不得带有冰雪或冻结团块，搅拌时间应较常温时延长 50%，同时，应采取较小的水灰比，并根据情况掺加早强剂，引气型减水剂以及氯盐等外加剂来增强抗冻能力。采用蓄热法进行养护，以就地取材为原则，可用草袋、草帘、锯末等进行覆盖养护。

3. 砌体工程

平均温度低于 5 ℃或最低温度低于 -3 ℃时进入冬季施工。冬季施工的砌块应干净，无冰霜附着。砂中不得含有冰块和冻结团块。

砌筑砂浆采用掺入氯化钠或氯化钙的抗冻浆，对拌和用水进行加热。拌和后的抗冻砂浆随拌随用，在使用时砂浆本身温度不低于 -5 ℃。

第四章　路桥改扩建施工

第一节　路基改扩建施工

一、施工准备

(一) 清表

在一定范围内的边坡，因为多年的风雨侵蚀，路基的稳定性较差，老路的基底因为常年受到水的浸泡，设计标准压实机械的密实度也要小于规范要求。在进行清理工作时，需要将距离边坡一定范围内的土体进行清理之后再对地基进行处理施工，包括对老路路基两侧的施工范围之内的杂草以及剩料进行清除。

(二) 刷坡

为了避免挖除后台阶上部的土方坍塌，在进行开挖时应该逐段进行清表和挖除工作，还需要逐段对其进行填筑。在旧路面与硬路肩的交界处需要挖到新路面底基层，在底面高程处按照 1∶1.5 的比例的边坡向下进行挖除，将老路的边坡进行刷坡，第一平台宽 1.0 m，将有泄水槽的位置闪开，将清刷下来的填料全部废弃掉，这样一来，有利于顺利排出积水和保证老路基在受到降水冲刷时处于稳定状态。

二、路基改扩建施工技术的控制措施

(一) 清淤换填

在路线通过的软基地段时，因其区域内软土地基的含水量过大，地下水位较高。在基底填充前，针对路基加宽部分进行碾压需要达到规定的压实

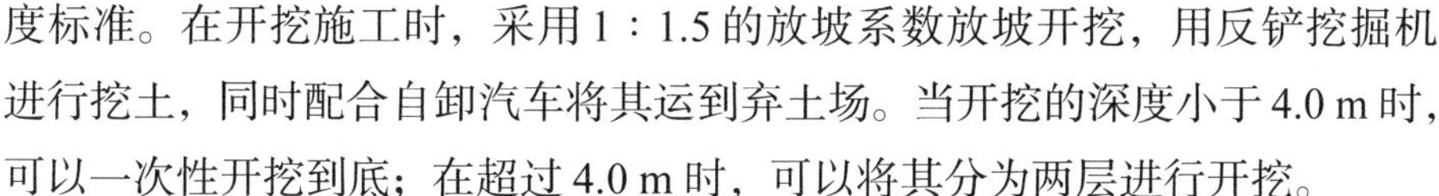

度标准。在开挖施工时，采用 1∶1.5 的放坡系数放坡开挖，用反铲挖掘机进行挖土，同时配合自卸汽车将其运到弃土场。当开挖的深度小于 4.0 m 时，可以一次性开挖到底；在超过 4.0 m 时，可以将其分为两层进行开挖。

（二）塑料排水板处理

塑料排水板地基处理的施工工艺需要按照之前所描述的流程进行清淤工作，在人工整平之后，插板机械就可以开始实施施工流程。在已经放样确定的加固区范围之内，可以采用竹签或者排水板芯等插入砂垫层做标记，再按照正三角形用经纬仪和钢尺来布置塑料排水板进行板打设板位。在进行施工作业时，安装排水板桩靴并通过插板机进行移动定位。施工的操作人员要按照桩管下插时的垂直度进行安装，确保偏差在 1.5% 之内，在进行自检合格后交由监理工程师验收。

（三）板材控制

严禁使用板体存在断裂或者滤膜撕破等问题的排水板，在施工时，需要将损坏部分进行割除，遇到中间板体断裂或者滤膜撕破的排水板，则需要将剩余两端的头进行连接之后再开始施工。在其进入导管时，通过计算接头的位置来避免打入地基时出现接头被拔出的现象。根据中桩放出塑料排水板，在需要布置的区域内进行大框架设计，按照设计间距沿横向线将各个桩位进行放出。

（四）垂直度控制

在吊线长大于 2 m 的标识牌上刻有垂直线两侧允许偏差为 1.5% 的控制线，此外，还要求在吊锤线下端的机架处，在固定标识牌上打设垂直度的主要原理是，在打设过程中，依赖导管机架确保其始终与地面处于垂直状态来实现。在试验的过程中，现场打设前可以通过在两侧的挂线锤来控制打设垂直度，如果这两个方向的吊锤线都处在允许的偏差线内，则可以开始插板作业。

(五)施工现场的管理

插板机工作现场的管理主要采用“一机一人”的方式，在管理的全过程中，都需要有施工员现场旁站进行记录，技术员进行全程巡视。需要安排专人做好施工原始记录，旁站的施工员需要按照主要的控制参数方法进行监督，确保施工工艺各个环节能够落实到位，并详细记录机械状态、外露长度、塑料排水板打设深度、板位误差以及补打等情况，做好抽查准备。

(六)尽量选优选好路基填料

在一切工程施工中，材料是重要基础和前提，只有好的施工材料才能建设出好的工程。在扩建工程中，路基是重要组成部分，因此，在选择路基填料中，不仅要坚持慎重性原则，而且要在保证符合相关规定和要求的基础上选择优质的原料。从以上内容我们可以看出，在施工符合相关标准的前提下，新路基与旧路基的安置不一致是一切问题的根源。为了有效地解决或缓解这一问题，需要对路基的膨胀部分进行填充和压实。在具体施工中要紧靠旧的路基，以旧路基水平和标准为界限，将新路基与旧路基有效连接，为其稳定性的提升提供重要保障。这就要求施工人员在施工前选择材料时，应选择与现有公路相同质量的土壤。如果在具体施工过程中找不到足够的原土，那么这时施工人员要使用高强度的填料代替原土壤，通常情况下会选择砂砾、小石块等材料。在选择相关材料替代的情况下，确保石头的含量小于或等于所用材料总量的一半，而细碎的填料的含水量、粒径等指标要满足相关规定和要求。在具体施工前，施工人员要做好试验和分析工作。

(七)强化对基底的处理工作

在公路路基加宽施工前，组织人员要全面了解和熟悉现有公路资料，详细勘探实际的地质情况。同时要有效处理工程施工方案，从多个角度开展多轮的评估工作，并积极贯彻和落实工程建设的根本目标，有效拓宽公路道路，巩固公路地基，从根本上增强公路道路的承载力，在充分考虑这一目标的基础上，保证施工的合理性、经济性，并提升施工效率。

在论证施工方案过程中，要重点分析与考虑公路附近实际的环境，检

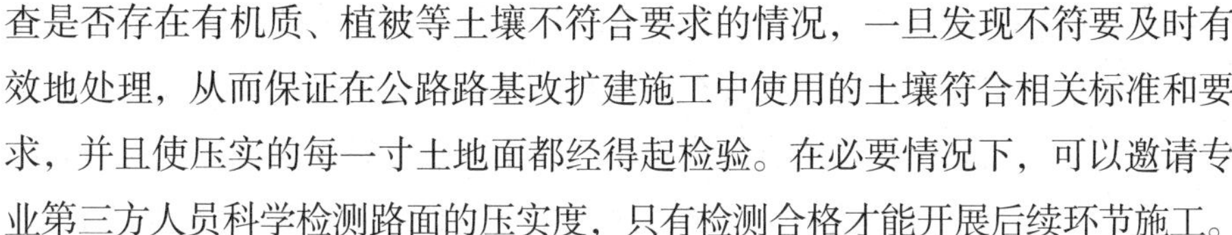
查是否存在有机质、植被等土壤不符合要求的情况，一旦发现不符要及时有效地处理，从而保证在公路路基改扩建施工中使用的土壤符合相关标准和要求，并且使压实的每一寸土地面都经得起检验。在必要情况下，可以邀请专业第三方人员科学检测路面的压实度，只有检测合格才能开展后续环节施工。

三、拓宽路基的压实及搭接

(一) 压实的目的及意义

对路基进行压实是保障路基质量的一个重要环节。技术等级越高的公路对路基的压实要求越高。进行压实工作的主要目的是提高填料的密实度，使孔隙率减小，增加填料颗粒之间的接触面，保证凝聚力的提升，从而提高内摩擦力，减小变形概率，为路基的正常使用提供良好的保障。

路基的压实过程本质上就是土体在压力下，克服路基材料颗粒之间的内聚力和摩擦力，破坏原有的路基结构，使固体颗粒能够重新进行排列组合，大颗粒之间的间隙也由小颗粒进行填充，变成密实的状态，从而到达一个新的平衡点。

(二) 影响压实效果的主要因素

影响压实效果的因素是多样化的，有内因也有外因，但是与施工作业相关的因素主要有以下几个方面：首先是土的含水量，任何黏度的土在不同的温度下，如果用同样的压实机械来进行碾压时，就会产生不同的密实度和强度；其次是进行碾压时的温度，在路基碾压的过程中，温度过高就会促使水的黏滞性降低，从而在土粒之间起到润滑作用，这样一来，比较容易进行压实工作。

第二节　路面改扩建施工

一、公路改扩建工程路面施工时存在的问题

在改建、扩建公路路面的进程中，由于存在施工难度较高、工作数量庞

大等多方面的困境，导致在施工时容易出现多种问题，主要包括以下方面：

第一，公路路面改建、扩建存在设计问题。在改扩建公路路面时，由于原本所使用的路基所提供的支撑力不足，导致路面已经在承载过重荷载后出现不平整现象，需要综合化考量多方面的影响因素；另外，在扩建工程中，由于需要进行错台拼接、设置标高管理等工作内容，尤其是部分公路路面在改建、扩建之前便已经存在扭曲问题，也会导致控制难度不断增加。

第二，公路路面的改建、扩建等工程施工问题。在公路改建、扩建路面的整个工作过程中，除了第一条中所提及的问题，还需要全面、具体地对路面改进时进行高程控制的相关工作，科学地调整路面结构，不仅能够优化路面厚度，还能够促使路面结构更加稳定。

在具体施工中，施工队伍如果不能及时处理或者不当处理路面厚度、路面沉降等问题，便会直接对公路的改扩建相关工作产生负面影响。比如，在公路施工工程中，要求桥面的整体厚度要大于七厘米且小于十厘米。但是，大多数情况下的实际施工中，桥面的厚度都不够，仅能够达到五厘米厚。而且，剥掉桥面上大量的混凝土之后，会对桥梁产生严重的损坏。在改建、扩建公路路面的进程中，由于资金有限、施工技术有限等问题，难以从多方面、多角度满足公路施工的各方面需求。而且，在扩建工程中，由于新旧路面的内部结构存在着一定的差异，导致其后续的沉降程度也出现差异，最终会直接影响路面纵向的拼接质量。

二、公路改扩建工程路面施工要点分析

(一) 精准评价既有公路

相关施工单位在施工工作开始之前，需要对正在使用的公路进行安全性的测评，并结合公路实际的安全指标透彻、深入地了解并分析现阶段使用的高速公路已经出现的问题，分析产生问题的具体原因，而后，结合具体状况落实公路改建、扩建的相关工作，制定具备合理性、针对性以及可行性的具象化改建、扩建方案，将公路工程的扩建效果全面提升。

与此同时，还应该综合性地评价并考量现有公路实际的工程状况，并有效分析公路的建设质量与适应性。对公路整体质量进行评价的主要目的在

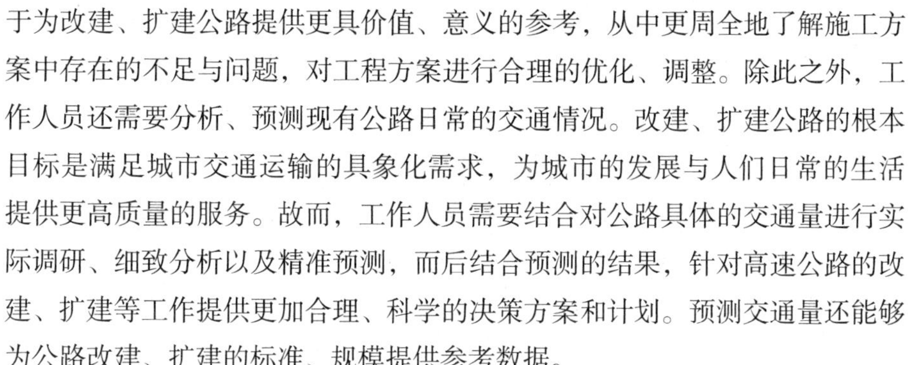

于为改建、扩建公路提供更具价值、意义的参考，从中更周全地了解施工方案中存在的不足与问题，对工程方案进行合理的优化、调整。除此之外，工作人员还需要分析、预测现有公路日常的交通情况。改建、扩建公路的根本目标是满足城市交通运输的具象化需求，为城市的发展与人们日常的生活提供更高质量的服务。故而，工作人员需要结合对公路具体的交通量进行实际调研、细致分析以及精准预测，而后结合预测的结果，针对高速公路的改建、扩建等工作提供更加合理、科学的决策方案和计划。预测交通量还能够为公路改建、扩建的标准、规模提供参考数据。

（二）拼接桥梁

在改建、扩建公路的进程中，较为普遍化的问题之一便是拓宽桥梁的相关问题。在对桥梁进行拓宽施工的过程中，需要遵循的主要原则是，保障在完成扩建工作之后，新桥梁需要保持和原有桥梁相同的跨径、规格以及结构，从而有效保证桥梁的安全拼接。对于连续路段的桥梁来说，采用斜交式跨越的难度较大，主要在于桥下难以通行。故而，工作人员应该视具体情况设计高质量的桥梁扩建、改建的方案和计划，其整体难度、复杂性都极高。

（三）将公路拼宽

针对公路的改建、扩建工作来说，大多数选择的拼接方式可以划分为两种：首先，单侧加宽。在落实单侧加宽的工作时，不需要完全重合原有的路基中心线与新建的路基中心线，在道路的一侧加宽的主要目的在于，改建、扩建之后完成隔离带拼接，并将对应的隔离带改建成全新的桥梁或者标准路面。不过该种改建方式中也存在明显的不足，其中最为突出的便是难以对资源充分利用，实际需要投资的资金非常庞大，而且所需要耗费的周期较长。

相应的，选择使用该种扩建方式的优势也是十分突出的，在公路一侧开展改建、扩建工作，征地工作只需要在公路的一侧道路开展，对于周围居民的影响也较小，而且，该种改建方式具有极高的契合度。在公路加宽建设进程中，需要对多个方面的因素进行周到、具体的考量，并设计出更加科学、合理的施工计划，保障公路扩建、改建工程获取较高的经济收益。其次，两侧加宽。在实际针对道路两侧进行加宽工作的进程中，又可以划分为既有路基两侧加宽和对新路基进行对称加宽。在公路的两侧落实拼接加宽的手段具有极为鲜明的优势，不仅能够最大限度地缩减所用资源，将整体投入成本降低，还能够高效地完善组织交通运输相关工作。

但是即便如此，在具体应用时也存在一定的不足，即因为加宽处理工作的基础是原本已经存在的公路，容易受到公路两侧既有的房屋、农田等事物所带来的负面影响，致使出现非常庞大的拆迁活动工程量。此外，会在极大程度上影响公路交通。在具体进行公路改建、扩建施工工作中，因为需要与现有的公路完成拼接，但是在拼接的整体环节中，因为需要与现有公路进行拼接建设，但是在拼接的整个环节、流程中，新的公路和原本建设完成的公路容易在温度、湿度以及气候等方面的影响中难以顺利拼接缝隙，将拼接公路的难度进一步提升。

（四）公路层面拼接技术

面对拼宽位置，需要对其进行标高处理，在对新路进行不断调整的过程中，标出纵向的具体高度，并遵守新公路与原有公路需要公用标高的基础性原则。在落实新路施工、铺筑工作的进程中，选择标高设计，而和现有道路凭借的接缝位置则可以选择应用旧路标高，而后对道路进行顺接处理，相关工作人员也需要清理新路和旧路之间的拼接表面，从而有效制止集料、灰尘等抛洒至其中，保证台阶面上不会有上层遗物存留下来，同时，在其上进行粘油层的喷洒，促使其能够分布均匀，保障拓宽部分不会出现流淌和露白现象。在这一过程中，所选择的黏结料是乳化沥青，对新旧公路之间的拼宽接缝进行处理。针对接缝，可以利用跨缝碾压使其更加紧实，还需要在拼接接缝的位置铺设玻璃纤维格栅，进而将公路的改建、扩建的施工效果全面提升。

（五）旧路铣刨技术

铣刨技术在具体应用中，需要依据既有的施工方案规定的具体几何尺寸设置相应的台阶，保证其台阶和相连面间不会出现松动粒料和灰尘，一旦施工机械能够到达台阶时，不能够出现缺角、松散、啃边等问题或现象。施工人员在进行铣刨机器的选择工作中，必须通过科学、合理的方式安装与之相对应的自动找平设备。除此之外，铣刨面的高度需要控制在8毫米以内，相应的，铣刨的深度误差也需要控制在10毫米之内。如果现有的公路路面中已经使用了结构面拉毛的施工手段，便不可以保留夹层，必要情况下可以重新进行铣刨工作。

第三节　桥涵改扩建施工

对于桥涵改扩建施工，具体的步骤和策略可能会因地区和具体情况而异。一般来说，以下是一些常见的施工步骤和注意事项：

(1) 规划和设计：在进行桥涵改扩建之前，需要进行充分的规划和设计工作。包括工程可行性研究、交通影响评估以及结构设计等。

(2) 施工准备：在正式开始施工之前，需要进行一系列的准备工作，包括场地勘测、地质勘查、环境保护措施的制定等。

(3) 拆除原有结构：如果需要改造或扩建已有的桥涵，首先要进行原有结构的拆除工作。这可能涉及爆破、切割或使用起重机械等。

(4) 地基处理：在进行新桥涵建设之前，需要对地基进行处理和加固，以确保稳定性和安全性。

(5) 结构施工：包括上部结构和下部结构的建设。上部结构包括桥面板、栏杆等，下部结构包括桥墩、墩台等。

(6) 桥面铺装：完成桥面的铺装工作，通常使用混凝土或沥青铺装。

(7) 完善配套工程：包括交通标志、路灯、排水系统等配套工程的安装。

(8) 竣工验收：施工完成后，需要进行竣工验收，确保施工质量符合相关标准和要求。

在进行桥涵改扩建施工时，需要严格遵守相关规范和安全要求，确保施工过程安全可靠，最大程度减少对交通和周边环境的影响。同时，施工期间还需要采取适当的交通管理措施，确保施工区域的交通流畅和施工人员的安全。

第四节　隧道改扩建施工

一、改扩建设计要求

(1) 隧道改扩建设计应根据原隧道的现状与建设标准，综合考虑改扩建难易程度、交通量及其构成、施工交通组织及营运安全等，进行隧道增建、扩挖及其组合等多方案比选。

(2) 增建隧道、扩挖隧道设计应符合现行设计规范、标准；原隧道的改造可遵循原有技术标准。

(3) 宜在原隧道利用的基础上增建隧道，受条件限制时可扩挖隧道。

(4) 互为逃生通道的隧道间应设置横向通道，横向通道的设置应符合新建隧道的规定。

(5) 同向分行的两个隧道间，洞外应设置联络道及必要的交通工程设施。

(6) 应综合考虑增建隧道、扩挖隧道与利用的原隧道之间土建设计的总体布局，以及与通风、照明、供配电、消防、交通监控等营运设施的协调性。

(7) 原隧道的机电工程在满足相应的技术标准前提下，可考虑分期实施。

(8) 原隧道利用时，应根据评价结果，提出必要的结构加固、渗漏水整治、路面及设备设施改造等措施。

二、增建隧道

(1) 增建的特长隧道，不宜采用单洞四车道方案。

(2) 增建隧道设计时，应考虑爆破震动对原隧道围岩稳定及结构内力的影响，采取必要的技术和管理措施：

① 根据围岩扰动影响与爆破震速控制要求，合理确定增建隧道的支护参数、施工方法、循环进尺及单段爆破药量等；

② 对原隧道进行爆破震速、裂缝变化监测；

③ 原隧道病害严重段，受围岩扰动、爆破震动安全影响大的，采取加固措施；对原隧道洞内的灯具、风机、监控设备等进行加固；

④ 原隧道与增建隧道为小净距时，应按小净距隧道考虑围岩压力及相

互影响。

（3）增建隧道与原隧道间设置汽车横通道和人行横通道时，除符合规范要求外，还应符合以下规定：

① 增建的人行横通道可直接与原隧道结构进行连接并与原隧道施工缝或变形缝间距不小于 1 m;

② 增建的车行横通道与原隧道的结构连接段应拆除原有衬砌结构并与横通道结构整体设计，原隧道的拆除范围应不小于横通道结构外 2 m;

③ 与原隧道衬砌接缝表面应进行凿毛处理并采取防水措施，衬砌背后的防水板与排水管应加强衔接。

（4）增建隧道和原隧道的洞门形式、绿化景观宜协调统一。

三、改造隧道

（1）根据对原隧道的调查、专项检查及评价结果，对原隧道进行改造和加固处理。

① 专项检查判定结构情况正常、轻微破损的，可暂不处置，但应进行监视或观测;

② 专项检查判定结构破坏至严重破坏的，应采取加固措施。

（2）原隧道的改造主要包括隧道衬砌结构加固、衬砌背后空洞回填、裂缝修补、渗漏水治理、路面维修加固及附属工程维修改造等。

（3）原隧道改造时应不侵入隧道行车建筑限界、不堵塞原有的排水系统，并充分考虑原有隧道主体结构的完整性。

（4）原隧道改造实施宜在相邻的增建隧道、扩挖隧道施工完成后进行。需要时可采取临时加固措施。

（5）隧道改造应根据通风、照明、消防、监控等设施改扩建的需要，做好土建的预留预埋。

四、扩挖隧道

（1）隧道扩挖方案应考虑施工安全、相邻隧道运营、交通组织等因素，综合分析制定，并进行安全论证。

（2）扩挖隧道宜位于原隧道的单侧，且扩挖隧道断面包含原隧道开挖断

面。受条件限制时，也可在原隧道的两侧扩挖或周围扩挖。

(3) 扩挖隧道施工对相邻原隧道的爆破震动和结构内力存在明显影响时，对原隧道应采取技术措施。

(4) 扩挖隧道的纵面设计标高应满足与相邻原隧道间车行、人行横通道的纵坡设置要求。

(5) 扩挖隧道设计，应采取必要的空洞回填、超前预加固和临时加固等技术措施。

(6) 应充分利用原有隧道作超前洞，合理确定施工方案。原隧道单侧扩挖时，宜分步施工并先扩挖原隧道一侧。

(7) 原隧道支护结构的拆除及扩挖、爆破施工应根据原隧道的结构形式、围岩条件合理性确定循环进尺和爆破震速。

(8) 扩挖隧道围岩压力计算一般可参照新建隧道进行，其他应符合下列规定：

① 原施工时发生坍方地段，原坍方高度小于按规范计算得出的围岩垂直匀布压力等效高度，参照新建隧道计算围岩压力；大于时，按坍方体高度计算；

② 扩挖隧道与相邻隧道为小净距时，按小净距隧道考虑围岩压力；

③ 原隧道有严重病害时，考虑适当增大荷载；

④ 单侧扩挖隧道应考虑围岩偏压的影响。

第五节　交通安全设施改扩建施工

一、基础理论分析

（一）交通安全设施

交通安全设施基础工程是为各类道路使用者带来安全保障，立足于驾驶人需求以及道路实际情况，整体统筹规划基础设施布点，发挥其最大安全防护作用，让驾驶人能更加顺利解读前方信息，提升风险规避主动性。分析安全设施功能发现，当前在工程中常规设施有防眩晕设施、监控设施、隔离

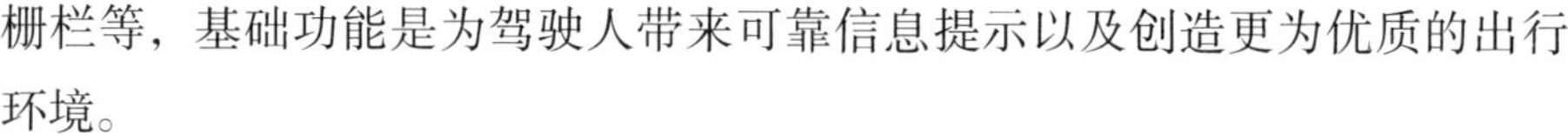

栅栏等，基础功能是为驾驶人带来可靠信息提示以及创造更为优质的出行环境。

(二) 改扩建工程安全设施建设重要性分析

交通道路肯定要时刻面临交通压力，特别是城市化飞速发展后交通道路需求更为旺盛，道路早已成为反映城市速度和良好形象的“名片”。而其中的安全设施更是必不可少的安全保障措施。从多方面分析部分道路改扩建真实需求看，改扩建的根本目的是在出行需求引导下综合利用施工技术对原有道路工程进行性能改造，增设更为便捷和全面的基础设施，建设智能化和综合性道路防护体系。特别是对使用年限有特殊要求的道路，因为在建设初期并没有建设高水平安全体系，相关部门利用改扩建工程可以有效解决其性能不足问题。在当前交通工程安全体系中，改扩建工程能够从根本上丰富安全体系全面性和安全程度，创造更为优质的交通环境；其次，交通事故出现频率也会同步降低，从根本上落实以人为本的交通服务原则；再次，科学利用当下先进的交通安全设施，能够提供改扩建工程信息化优势，部分路段融入智能手段，为智慧化交通安全管理体系建设提供更多参考经验；最后，设计覆盖面广的交通管理体系，利用静态化安全设施组建立体化管理手段。改扩建工程能够重新构建安全防护体系，创造更优质的市政道路运行环境。

二、改扩建公路工程交通安全设施设计中需要考虑的因素

(一) 设计标准

在设计高速公路工程的安全设施时，要按照设计标准、规范、科学的要求，充分考虑到交通、地形、地貌、环境等方面的影响，尤其是山地、高原、丘陵等地形地貌条件较差的地区，应采取相应的措施。改扩建高速公路的设计依据不同的地形条件，采取了不同的设计规范，普通路段按一级高速公路设计，县城过境段按城市主干道设计，整体设计采取一次设计、分阶段实施的方法，结合不同路段的实际状况，使其顺利过渡，并形成高效的衔接。对改建高速公路建设经费准备不足的项目，在保证车辆通行能力的前提下，提出更加经济的技术方案。

(二) 桥涵设置路段

桥梁、涵洞的施工工作比较困难，施工过程比较烦琐，不仅耗费了大量的人力、物力，而且由于桥涵的施工环境比较脆弱，遇到强降雨、山体滑坡等自然灾害，行车安全事故的可能性非常高。因此，设计单位应在桥梁、涵洞等高速公路上设置必要的交通标志，以使过往车辆更加醒目，并采取一系列安全措施，以达到防止交通事故的目的。

(三) 环境景观理念

随着各种环保法规和政策的出台，环保工作既能获得经济利益，又能得到更好的保护。因此，在高速公路拓宽和改建中，应将环境景观的概念与高速公路建设结合起来，既能保证高速公路的安全，又能兼顾高速公路的美观。在美化城市的基础环境时，一定要坚持环保第一的理念，比如许多城市都会在高速公路两侧种植一些植物，既能美化街道，又能防止眩晕，减轻驾驶员的视觉疲劳。

(四) 收费服务系统

收费站设置在离高速路口不远的地方，在离服务区还有一段距离的地方，就会设置一些交通标志和减速装置，避免某些车辆超速行驶，无必要的警告信号，导致交通事故。随着科技水平的不断提高，很多收费站都实现了智能收费，通过 ETC 进行收费，不仅可以提高收费站的工作效率，还可以使车辆通过，减轻交通压力。智能收费系统的发展可以有效地解决交通堵塞的问题，也可以间接地提高高速公路上的警示标志和标线的安全性，同时在设计时适当地设置警示标志和标线，可以更好地发挥智能收费系统的功能。

三、交通工程安全设施设计

(一) 多车道管理

(1) 交通标志。多车道控制下的高速公路流量很大，不同的车型会造成不同的车辆之间的差别。在进行车道管理时，若不能有效地分隔，则会使低速车辆占据更多的交通资源，而高速车辆频繁更换，使整个路段变得一团糟，交通管制秩序很难达到现代化的管理水平。因此，为了降低因车速差引起的交通事故，在高速公路上实行车道分配。高速公路的高速公路管理可以按不同的车辆种类，按出口的先后次序进行，也可以通过高速公路的选择等方式进行配置。这些方法都有其优点和不足之处，其优点和劣势也不尽相同。因此，应充分考虑高速公路的基本特点和运行模式，在本工程中，应结合工程的实际需求，选择采用一体化或分段式的高速公路。

（2）交通标线。高速公路的出口处向来是交通事故频发的地方，通过对现场的调查可以看出，在出口处发生的车祸，往往是因为车辆没有及时改变方向，进入了出口，才会发生这样的事情，这就容易造成车速过慢，导致后面的车辆追尾，翻车，甚至还有可能因为变道的距离不够，而撞上了下坡路。因此，在高速公路上设置交通标志，是为了降低这种情况的发生。此外，在交叉路口周边的高速公路标志也要加强，最好是实线，因为非通行车道的车辆的可变长度不同，因此，在主干道附近的标线应采取梯形。

（二）多车道高速公路高性能防护设施

中央分隔带主要是对高速公路车道的分隔。由于高速公路数量众多，车速高，交通事故的严重性也有很大差异，为了减少碰撞程度，需要增加活动隔板的防撞等级。在中心隔离墙内，当汽车通过中心隔离区时，如果结构构件不能达到一定的防护要求，就会出现交通事故。目前，在高速公路上使用最频繁的中心式栅栏是可拆卸式活动栅栏，其最大的优势在于中心分隔装置可以开启，缺点是不利于插入和伸展，容易堆积，缺少美感。另外一种是可伸缩的沟槽栅栏。这类栅栏安装起来比较简单，但是它的构造很复杂，价格也很高，一旦受损就很难修理。

（三）护栏端部处理及碰撞垫

由于同一方向的高速公路数目增多，车速也会随之加快，因此，必须设计出更大的防撞角，使汽车的自重增大，这时护栏末端的位置很可能会比普通的高速公路更加严重。最常用的方法就是在出口处设置 3 个防撞桶，但这样的设置也很难达到实际应用的需要，而且不利于减少事故发生。护栏末端和防撞垫的设计能够减少汽车的车速，加速刹车，及时调整行车方向，提高行车安全。

(四) 地形受限形成的安全隐患点

首先，要在平台上设置一个安全的障碍。在汽车与平台发生碰撞时，由于碰撞速度过快，会对司机和乘客造成很大的危害。另外，由于墙体部分未按规定设置护栏，所以路面为直线行驶，而小型汽车又没有足够的引导能力，极易产生高速冲击，导致行驶时偏离，造成交通事故。高分子吸能式汽缸是其主要防护手段，它保证了各个零件的有效连接，并由总成形成稳固的连接由两边的电缆进行牵引，这样就可以起到导引和吸收能量的作用，降低事故的发生概率。

(五) 护栏的选取和设计要点

护栏是预防交通事故的一个重要环节，也是被动式安全保护的主要手段之一。在改扩建工程中，护栏的设计要按照规范，对不同车速、不同交通量、不同高速公路等级、不同高速公路危险程度（低、中、高）的不同情况，采取不同的防护等级和形式，以防止一种护栏在全路段布置。目前，我国交通安全设计规范对护栏的规定主要有三类：波形梁护栏、混凝土护栏、缆索护栏。在进行高速公路施工时，应根据不同的因素，对护栏的设计进行合理的设计，既要达到一定的强度，以达到防撞性的要求，又要兼顾经济性、安全性和美观。

护栏的设计需要对其进行定量和定性的研究，波形梁钢护栏是一种以波纹状钢护栏板相互拼接并由主柱支撑的连续结构。利用地基、立柱、横梁等结构的变形，可以有效地吸收碰撞的动能，从而将失控的汽车转向，使其重新回到正确的方向，从而避免汽车从高速公路上冲出，达到对汽车和行人的保护，降低事故的损害。波形梁护栏是一种刚柔并济的结构，具有吸收碰撞能量和避免碰撞的能力，并有良好的视觉诱导作用。在有可能发生严重后果的路段，可以采用加固波形梁护栏。水泥围栏可以有效地阻止汽车通过出口（桥梁）。由于混凝土栏杆不易变形，所以维护成本较低。但是，如果汽车与护栏相撞的角度过大，会对汽车和乘客造成很大的损害，其适用于山间急弯路段外侧、路侧有深沟、陡峭、车辆冲出造成重大人员伤亡的路段。钢索护栏是一种在内蒙古北部地区广泛使用的柔性护栏。

改扩建高速公路护栏，根据高速公路等级、设计速度、危险等级，选用相应的防护等级；同时，考虑到后期养护加铺后的高度仍然符合规范的规定，建议增加1个保护级别。新建中央隔离墙时，要对大货车在交通流量中所占的比重进行核实，根据有关规定，在大货车占据很大比重的地段，最好采用水泥栏杆。

(六) 设置良好、合理的视距

视距问题是高速公路设计中的一个关键问题，视距包括会车视距、超车视距、泊车视距。在平坦的十字路口和弯曲的转弯处，必须保持良好的视距。当路口的视距三角形区域存在障碍时，会出现一定的盲区，从而使司机在遇到突发事件时没有足够的安全感，造成交通事故。在弯道上，司机的视野会变得狭窄，为了增加视野，司机往往会把车开到马路的中央，或者是相反的车道上，一旦有其他的车辆经过，很有可能会发生碰撞。

四、质量管理

(一) 严把工程质量关，做好材料检测工作

运输基础设施和相关的安保和监视设施，通常情况下，原材料是经过现场处理后的成品。在原材料到达原料现场或在工地进行原材料检测前，必须对原材料进行严格的检查，确保原材料和原材料的质量符合标准。

因此，在实际取样或检验成品原料时，首先要遵守最科学、最经济合理的原材料选择原则，选出合格的样品，合格的样品，一般都要有一种合格的质量，可以代表不同的现场对每一批次的原料进行检验，而每一次的合格产品，都要使用同型号、同等级、同种类的原材料产品（尺寸、特性、成分等），并且材料的主要成分都是相同的。技术合作单位的技术合作，所有通过测试的合格产品，必须经过合法的授权，或具有相应的资质。依法进行抽样检查，以确定检验是否合格，并能按照规定出具相关的法定检验报告。此外，在选用的材料中，除了满足设计图纸外，应尽量避免与现有的交通安全

设施存在明显的差异。例如，护栏、防眩设施等颜色要尽可能与原有护栏、防眩设施颜色相协调。

（二）制定合理精确的施工方案

工程技术人员在开工前，应多次复核、勘察设计、施工设备的现场环境，根据实际情况，制定出一套行之有效的施工方案，并组织技术人员进行技术交底。在施工中应特别重视施工顺序的衔接，如在护栏工程中，应在标志地基、防眩设施地基浇筑完成后进行护栏板的安装。

（三）质量控制的同时，工程细节上不能忽视

在工程实际状况下，在交通和安全隔离设施基本具备施工现场的条件下，路基工程、路面工程、机电设备等已经着手进行主要受力部分的工程设计。所以，在施工前应特别重视对高速公路上已经接近完成时限的其他基础设施的检查和防护，如为了避免在打桩过程中出现滴油污染路面等。在中间隔离带护栏柱上进行桩基施工时，要提前准确地了解预埋电缆、管道设备等工程设备的安装位置，以避免因立柱而破坏地下管道。在标志基坑开挖完成后，应将土方堆放在较为规范的场地内，在进行土方浇筑和安装后，要尽快恢复原状，不能对地基排水造成任何破坏。在标志基础、防眩网基础、隔离栅基础浇筑混凝土等工序中，应注意防止水泥对路面造成的污染。

第五章　道路排水与防护工程施工

第一节　道路排水设施及其施工

一、地面排水

（一）地面排水设施

道路地面排水设施主要有边沟、截水沟、排水沟、跌水与急流槽、蒸发池、拦水带等。

1. 边沟

设置在挖方路基的路肩外侧或低路堤的坡脚外侧，用以汇集和排除道路范围内和流向路基的小量地面水的沟槽为边沟。边沟的断面形式一般有梯形、三角形和矩形，通常土质地段边沟多采用梯形，梯形边沟的边坡靠路基一侧为 1∶1 ~ 1∶1.5，另一侧与路堑边坡相同；有碎落台时，外侧也可采用三角形边沟，三角形边沟的边坡内侧一般为 1∶2 ~ 1∶4，外侧为 1∶1 ~ 1∶2；石方地段边沟多采用矩形，矩形边沟的内侧边坡视其强度可采用直立，亦可稍有倾斜（1∶0.5）。边沟的深度一般取 0.4 ~ 0.8 m。

一般情况下，边沟不宜与其他沟渠合并使用，为控制边沟中的水不致过多，可以充分利用地形，在较短距离（在平原区和重丘山岭区梯形边沟长度一般不宜超过 300 m，三角形边沟一般不宜超过 200 m）内即将边沟水排至路旁洼地、沟谷或河道、水库内。一般每隔 300 ~ 500 m（特殊情况 200 m）设排水涵一道，用以及时将边沟水排至道路范围之外。

一般边坡的沟底纵坡与路线纵坡相同，并不宜小于 0.3%，以免水流阻滞淤塞边沟。若路线纵坡不能满足边沟纵坡要求时，应采用加大边沟、增设涵洞或将填方路基提高等措施处理；当沟底纵坡大于 3% 时，应对边坡进行加固；当纵坡超过 6% 时，水流速度大因而冲刷严重，可采用跌水或急流槽

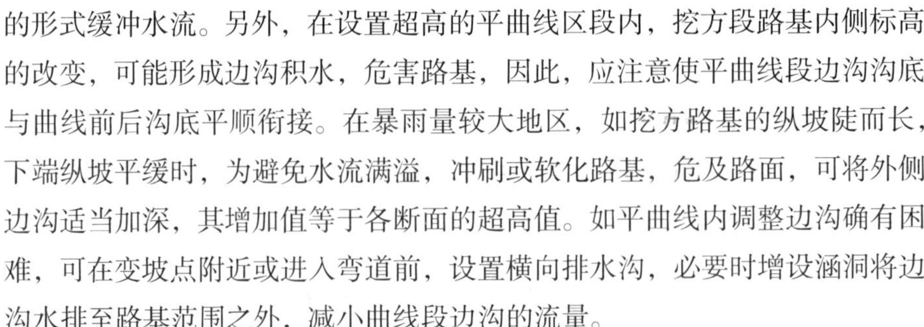

的形式缓冲水流。另外，在设置超高的平曲线区段内，挖方段路基内侧标高的改变，可能形成边沟积水，危害路基，因此，应注意使平曲线段边沟沟底与曲线前后沟底平顺衔接。在暴雨量较大地区，如挖方路基的纵坡陡而长，下端纵坡平缓时，为避免水流满溢，冲刷或软化路基，危及路面，可将外侧边沟适当加深，其增加值等于各断面的超高值。如平曲线内调整边沟确有困难，可在变坡点附近或进入弯道前，设置横向排水沟，必要时增设涵洞将边沟水排至路基范围之外，减小曲线段边沟的流量。

2. 截水沟

设置在挖方路基边坡坡顶 5 m 以外或山坡路堤的上方，垂直于水流方向，用以截引道路上方流向路基的地面径流的排水设施。截水沟可以防止地表径流冲刷和侵蚀挖方边坡和路堤坡脚，并减轻边沟的泄水负担。截水沟必须排水迅速，不得在沟内积水或沿沟壁土层渗水，否则会加剧道路病害的形成，而有可能成为边坡滑坍的顶边线。所以，截水沟应设有合适的纵坡度，沟底纵坡不应小于 0.3%，亦不可太大（大于 3%），以免水流冲刷严重，一般取用 1% ~ 2%。对土质地段截水沟，还应适当加固，以保证不渗水和冲刷。截水沟处应综合利用地形，合理布置。

截水沟的横断面形式一般为梯形，底宽不小于 0.5 m，深度应根据拦截水流量而确定，一般不宜小于 0.5 m，边坡坡度视土质而定，一般可取 1 : 1 ~ 1 : 1.5。截水沟也应设有可靠的出水口，与其他排水设施平顺衔接，必要时宜设跌水或急流槽，将水流排入截水沟所在山坡一侧的自然沟中，或直接引到桥涵进口处，应避免排入边坡，或者在山坡上任其自流，造成冲刷。

3. 排水沟

用来连接各种排水设施，将水引排到附近的自然水道或桥涵，从而形成完善的排水系统。排水沟一般为梯形断面，底宽不小于 0.5 m，深度根据流量而定，但不宜小于 0.5 m，边坡坡度视土质情况而异，一般可取 1 : 1.0 ~ 1 : 1.5，排水沟应尽量做成直线，如必须转弯时，其半径不宜小于 10 ~ 20 m，排水沟长度按实际需要而定，通常不宜大于 500 m。当排水沟中的水流入河道或沟渠时，应使原水道不产生冲刷或淤积。一般应使排水沟与原水道两者水流方向的流向成锐角连接。

4. 跌水与急流槽

设置于需要排水的高差较大而距离较短或坡度陡峻的地段的阶梯形构筑物为跌水，其作用主要是降低流速和消减水的能量。急流槽是具有很陡坡度的水槽，但水流不离开槽底，其作用主要是在很短的距离内，水面落差很大的情况下进行排水。一般在山岭重丘地区，地形险峻，排水沟渠纵坡较陡，水流速快、冲刷力强，为减小其流速，降低其能量，防止对道路形成危害，多采用跌水或急流槽。沟底纵坡较陡的桥涵，为使水流稳定而顺利地通过，也可将其涵底及涵洞进出水口做成跌水或急流槽。此外，若必须沿高边坡将水流排至坡脚，可将截水沟接向边沟，为避免边坡受到冲刷以及需要减速消能的排水设施时，均可采用跌水或急流槽。跌水和急流槽设置的位置、类型和尺寸，要因地制宜，结合地形、地质、当地材料和施工条件综合考虑。在满足排水需要和保证工程质量的前提下，力求构造简单，经济适用。

5. 蒸发池

在年降雨量不大，晴天日数多，空气相对湿度小，多风易蒸发的空旷荒野地区，如我国西北地区，路线经过平坦地段，无法把地面水排走时，可设置积水池，引水入池，任其蒸发或下渗。

6. 拦水带

为避免高填方边坡被路表面水冲毁，可在路面边缘或路肩上设置拦水带，将水流拦截至挖方边沟或在适当地点引离路基。拦水带一般可用沥青砂带、干砌、浆砌片石或水泥混凝土筑成。

（二）地面排水设施的施工要点

排水沟渠加固措施应结合当地地形、地质、纵坡和流速等条件，因地制宜，就地取材。常用的有以下几种类型。

1. 表面夯实

表面夯实一般适用于土质边沟和排水沟，沟内平均流速不大于 0.8 m/s。沟底纵坡不大于 1%。在施工时，其水沟沟底及沟壁部分应少挖 0.05 m，并随挖随夯，将沟底沟壁夯拍坚实，保证土坡的夯实密度。

2. 干砌片石加固

一般用于无防渗要求，土质沟渠沟底纵坡在 3% 以上，流速大于 2 m/s

的沟渠加固。片石间隙应用碎石填塞紧密，片石大面应砌向表面，以减少面部粗糙度。

3. 浆砌片石加固

浆砌片石边沟有梯形与矩形两种，一般用于沟内水流速度较大（平均流速大于 3 m/s）及防渗要求较高的地段。沟底纵坡一般不受限制，但在有地下水及冻害地段，沟壁沟底外侧需加设反滤层或垫层，并在沟壁上预留泄水孔。施工时应注意沟渠开挖后要整平夯拍，如土质干燥应洒水润湿。水泥砂浆标号一般采用 M5，随拌随用，砌筑完后应注意养生。

二、地下排水

拦截、汇集和排除地下水或降低地下水位，使路基免遭破坏的地下排水结构物，主要有明沟与排水槽、暗沟、渗井和渗沟等。

（一）明沟与排水槽

当地下水位高，潜水层埋藏不深时，可采用明沟或排水槽截流排除地下水及降低地下水位，也可兼排地面水。明沟或排水槽必须深入潜水层，且不宜在寒冷地区采用。明沟断面一般采用梯形，边坡采用 1：1.0 ~ 1：1.5。明沟边坡一般应以干砌片石加固，并设反滤层以使水流渗入明沟，明沟纵坡宜适当加大，保证水流及时排除。排水槽一般为矩形，可用混凝土、干砌或浆砌片石筑成，槽底纵坡应不小于 3%。当用混凝土或浆砌时，应视地下水流量及槽深设置一排或多排渗水孔，外侧填以粗颗粒透水材料。沿沟槽每隔 10 ~ 15 m 或当沟槽通过软硬岩层分界处时，应留伸缩缝和沉降缝。

（二）暗沟

暗沟是引导地下水流的沟渠。其本身不起渗水、汇水作用，而是把道路范围内的地下水或渗沟汇集的水流排到路基范围以外，使不致在土基中扩散，危害路面。暗沟的构造一般比较简单，为防止泥土或砂粒落入沟槽淤塞，在其周围可铺筑碎（砾）石反滤层。反滤层的颗粒直径由上而下、由外而里，逐渐增大，每层厚度不小于 0.10 m，相邻层次间颗粒粒径之差，以不大于 4 ~ 6 倍为宜。暗沟的埋置深度应不小于当地的冰冻深度，以保证能在

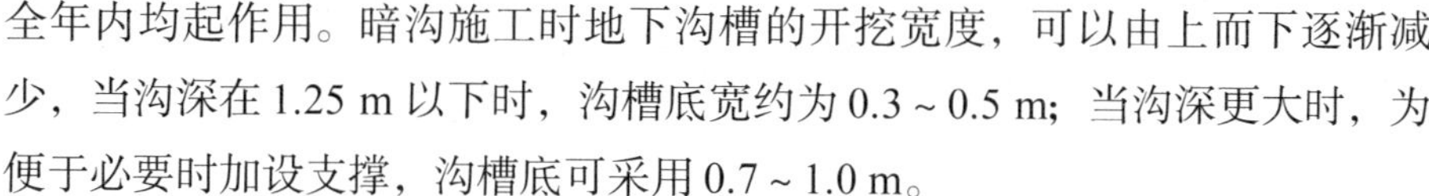

全年内均起作用。暗沟施工时地下沟槽的开挖宽度，可以由上而下逐渐减少，当沟深在 1.25 m 以下时，沟槽底宽约为 0.3 ~ 0.5 m；当沟深更大时，为便于必要时加设支撑，沟槽底可采用 0.7 ~ 1.0 m。

（三）渗井

当平坦地区如道路附近无河流、沟渠、地面水或浅层地下水无法排除，影响路基稳定而距地面一定深处又有透水土层时，可设置渗井，通过渗井汇集渗入地面 1.5 m 以下，并从透水层中排除，疏干路基土。渗井容易淤塞，当土基含水量过大，路面翻浆，彻底解决地下排水系统又不可能时，可采用渗井群来疏干路基土。

（四）渗沟

渗沟是一种常见的地下排水沟渠。其作用是为了切断、拦截有害的含水层和降低地下水位，保证路基经常处于干燥状态。一般地下水位较高，路基边缘无法保证必要的高度时，为防止毛细水上升，影响路基稳定，可在边沟下设纵向渗沟，以降低地下水位。路堑和路堤交接处为防止路堑下含水层中的水沿路基纵向流入路堤，使路堤湿软、坍塌，可设横向渗沟。斜坡上的路堤、半填半挖路基及路堑当基底或边坡上有含水层时，为防止路堤滑移或路堑边坡滑坍，可设纵向渗沟，将地下水引至路基范围以外的洼地或河沟。为汇集与排除挖方边坡上的渗出水，可设边坡渗沟将水排入边沟中，边坡渗沟深度，应比湿润土层深，深入滑动面或冻结线以下。

渗沟按构造有三种形式：

（1）填石渗沟，也称盲沟，一般用于流量不大、渗沟不长的路段，是目前道路上常用的一种渗沟，施工时应注意淤塞失效。由于排水层阻力较大，其纵坡不应小于 1%，盲沟深度不超过 3 m，宽度一般为 0.7 ~ 1.0 m。

（2）管式渗沟，设于地下引水较长的地段，但渗沟过长时，应加设横向泄水管，将纵向渗沟内的水流，分段迅速排除。沟底纵坡取决于设计流速，最大流速应考虑到水管的构造及其使用寿命，且不致冲毁管下垫层材料，一般以不大于 1.0 m/s 为宜，亦不应低于最小流速，最小纵坡为 0.5%，以免淤塞。

(3) 洞式渗沟，当地下水流量较大或缺乏水管时，可采用石砌沟洞，洞孔大小依设计流量而定。沟底纵坡最小为0.5%，有条件可适当用较大纵坡，以利排水。

三、路面内部排水

为排除通过路面接缝、裂缝或空隙，或者由路基、路肩渗入并滞留在路面结构内的自由水，以改善路面的使用性能，提高其使用寿命，可在路面结构内设置排水系统。通常在下列情况下，可考虑设置路面内部排水系统：年降水量为600 mm以上的湿润和多雨地区，路基由透水性差的细粒土（渗透系数≤ 10 ~ 5 cm/s 内）组成的高速、一级或重要的二级公路和城市快速路、主干路等；路基两侧有滞水，可能渗入路面结构内；严重冰冻地区，路基为粉性土组成的潮湿路段；现有路面改建或改善工程，需排除积滞在路面结构内的水分。

路面结构内部排水系统有两种类型：沿路面边缘设置的边缘排水系统；在路面结构层内设置的透水基层排水系统或透水垫层排水系统。前者适用于基层透水性小的水泥混凝土路面，特别是用于改善排水状况不良的旧水泥混凝土路面。设置边缘排水系统，可以在不改变原路面结构的情况下，将面层、基层、路肩界面处积滞的自由水排离路面结构，从而提高路面的使用性能和使用寿命。透水基层排水系统或透水垫层排水系统，由于自由水进入排水层的渗流路径短，在透水性材料中渗流的速率快，其排水效果要比边缘排水系统好得多。一般在新建路面时采用此方案。

(一) 路面边缘排水系统

路面边缘排水系统是将渗入路面结构内的自由水，先沿路面结构层的层间空隙或某一透水层横向流入设在路面边缘处的纵向集水沟，并汇流入沟中的带孔集水管内，再由间隔一定距离布设的横向排水管排引出路基。

填在集水沟内的透水性材料，可由不含细料的开级配碎石（砾石或矿渣）集料、水泥处治开级配碎石或砾石集料（或称多孔隙混凝土或无细料混凝土等）或者沥青处治开级配碎石集料组成。

非冰冻地区，新建路面时，集水沟底面的深度通常与基层底面齐平或略低些；改建路面时，为减少开挖量，集水沟可浅些，但集水管中心应低于基层顶面。冰冻地区，集水管应尽可能设在冰冻深度线以下。集水沟底面的最小宽度应方便于施工，新建路面时，不少于 25 ~ 30 cm；改建路面时，应能保证集水管两侧各有至少 5 cm 宽的透水性填料。透水性填料的底面和外侧围以反滤织物（土工布），以防垫层、基层或路肩内的细粒土侵入而堵塞透水填料孔隙或管孔。集水沟的顶面以不透水的路肩面层覆盖，集水沟和集水管的纵向坡度宜与路线纵坡相同，但不得小于 0.25%。

集水管设在集水沟的底部，沿纵向集水管，间隔适当距离设置不带孔的横向排水管，将汇集的水排引至路基外。集水管上游起端与横向通气管相接，下游终端与横向排水管相接。中间段的出水口采用单根或一对排水管。集水管与排水管端头用半径不小于 30 cm 的弯管联结。排水管的横坡为 3% 甚至 5% 以上，视出口处的路基排水情况选定。埋设排水管和通气管所挖的沟须回填低透水性材料。排水管和通气管的外露端头用镀铸铁丝网或格栅罩住，以防杂物进入或动物家畜侵扰；并在出口位置处设置标志，以便维护时易于认找。出水口的下方应铺设混凝土防溅垫板或对泄水道坡面进行浆砌抹面，以防止排放水流冲刷路基坡面或者生长杂草。出水水流尽可能引排至涵洞、边沟或排水沟中。

（二）透水基层（垫层）排水系统

采用透水性材料做基层或垫层组成的排水系统。渗入路面结构内的水分，先通过竖向渗流进入透水层，然后横向渗流进入纵向集水沟和集水管，再由间隔一定距离布设的横向排水管排引出路基。

为拦截地下水，临时滞水或潜水进入路面结构，或者迅速排除因负温差作用而积聚在路基上层的自由水，可直接在路基顶面设置由开级配粒料组成的全宽式透水垫层，并酌情配置纵向集水沟和集水管、横向排水管等组成排水系统。

透水性材料可由不含细料的开级配碎石集料、沥青处治或水泥处治开级配集料组成。排水基层的厚度按所需排放的水量和透水材料的渗透性而定，通常在 8 ~ 15 cm 范围内（一般为 10 cm 左右）变动，其最小厚度不得小于 6 ~ 8 cm。宽度在路面横坡的上侧方向应超出面层边缘至少 30 cm，而在下侧方向到达集水沟的外缘，并应超出面层边缘 30 ~ 90 cm。纵向集水沟和集水管设置在路面横坡的下方。行车道路面为双向坡路拱时，在路面两侧都设置纵向集水沟和集水管。集水沟的内侧边缘一般位于行车道面层边缘处，但有时为了避免集水管坡面层施工机械压裂或者避免路面受集水沟沉降变形的影响，可将集水沟内侧边缘向外移出 60 ~ 90 cm，路肩采用水泥混凝土面层时，集水沟内侧边缘可外移到路肩面层外侧边缘处。纵向集水沟和集水管的组成和要求与边缘排水系统相同。

排水基层下应设置由密级配集料组成的垫层，以防止基层内自由水下渗，并保护排水基层免受下卧层中细粒的进入而遭堵塞。设在土基上的排水垫层，应在其间设置反滤层或者反滤织物（土工布），以阻截土基中细粒土的进入。集水沟的周边也应设置反滤织物，以防止路肩、路面垫层或路基中的细粒进入。自由水在排水层内向出水口渗流的长度，一般不宜超过 45 ~ 60 m。在一些特殊地段，如连续长纵坡坡段、曲线超高过渡段和凹形竖曲线段等，排水层内渗流的水有可能被堵封或者渗流路径迂回而过长。在这些地段，应增设横向排水管，使渗流顺畅，并满足最大渗流长度的要求。

（三）路面内部排水材料要求

1. 透水材料

透水基层由水泥或沥青处治不含或含少量粒径 4.75 mm 以下细料的开级配碎石集料组成，或者由未经结合料处治的开级配碎石集料组成。集料应选用洁净、坚硬而耐久的碎石，其压碎值不大于 30%。最大粒径为 20 cm（沥青处治碎石）或 25 cm（水泥处治碎石），并不得超过层厚的$\frac{2}{3}$。粒径 4.75 mm 以下细料的含量不大于 10%。集料级配应满足透水性要求（渗透系数不得小于 300 m/d），可通过常水头或变水头渗透试验试配后确定。

水泥处治碎石集料的水泥用量约为 120 ~ 170 kg/m^3，水灰比约为 0.37 ~ 0.45，其 7 天浸水无侧限抗压强度不得低于 3 ~ 4 MPa。沥青处治碎石集料的沥青用量约为集料干重的 2.5% ~ 4.5%。排水基层或集水沟的孔隙率约在 15% ~ 25% 范围内。

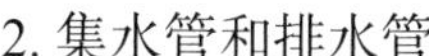

2. 集水管和排水管

纵向集水管通常选用聚氯乙烯（PVC）、聚乙烯（PE）塑料管或者水泥混凝土管。集水管带三排孔，沿管周边等间隔（120°）排列。每排孔沿管长方向等间隔布置，每延米 72 个孔，每个孔洞的面积约 30 mm^2 或直径约 6.2 mm (即每延米的孔洞面积至少 42 cm^2)。集水管的管径，可按设计渗流量由水力计算确定，并考虑养护（清理）方便，通常在 75 ~ 150 mm 范围内选定。集水管周围的透水性回填料含有 5 mm 以下的细料时，为防止细料进入孔洞内堵塞集水管，须在集水管外围用滤布包裹。各根管子在端部用承口管相接。集水管的埋设深度，应保证其不被车辆或施工机械压裂，并应超过当地的冰冻深度。

横向排水管选用不带槽或孔的聚氯乙烯或聚乙烯塑料管，管径与排水管相同。其间距和安设位置由水力计算，并考虑邻近地面高程和道路纵横断面情况确定，一般在 50 ~ 100 m 范围内选用。排水管的横向坡度不宜小于 5%。埋设出水管所开挖的沟，须用低透水材料回填。排水管的外露端头用镀锌铁丝网或格栅罩住。出水口的下方应铺设水泥混凝土防冲刷垫板或者对泄水道的坡面进行浆砌片石防护，以防止冲刷路基边坡和生长植物。出水水流应尽可能引排至排水沟或涵洞内。

3. 反滤层和反滤织物

为了防止水在渗流过程中携带细粒而堵塞排水层或集水沟中的透水材料，在邻近排水层或集水沟的介质含有细粒时，应在其间设置反滤层或反滤织物。反滤织物（土工布）可选用由聚酯类、尼龙或聚丙烯材料制成的编织或无纺织物。织物的性能应具有以下三方面要求。

（1）在有透水要求时，其渗透能力应高于邻近粒料或土的渗流能力。反滤织物的透水能力与织物的渗透性（渗透系数）和厚度有关，其渗透系数通常在 0.1 ~ 0.001 cm/s 范围内。

（2）阻挡细粒透过。反滤织物阻挡细粒的能力以其视孔径（AOS）大小表征，而计算时以最接近的视孔径筛子尺寸的相应值表示。

（3）具有一定的强度，包括刺破强度、握持强度和梯形撕裂强度等，以承受邻近粒料或其他物体的破坏作用。

第二节　路基防护工程及其施工

一、坡面防护

坡面防护主要是保护路基边坡表面免受雨水冲刷，减缓温差及湿度变化的影响，防止和延缓软弱岩土表面的风化、碎裂、剥蚀演变进程，从而保护路基边坡的整体稳定性，在一定程度上还可兼顾路基美化和协调自然环境。常用的坡面防护设施有植物防护（种草、铺草皮、植树等）和工程防护（抹面、喷浆、勾缝、石砌护面等）。

（一）植物防护

植物防护可美化路容，协调环境，调节边坡土的湿度，起到固结和稳定边坡的作用。它对于坡高不大，边坡比较平缓的土质坡面，是一种简易有效的防护设施，其方法有种草、铺草皮和植树。

1. 种草

种草适用于边坡稳定、坡面冲刷轻微的路堤或路堑边坡。一般要求边坡坡度不陡于 1∶1，边坡地面水径流速度不超过 0.6 m/s。长期浸水的边坡不宜采用。采用种草防护时，对草籽的选择应注意当地的土壤和气候条件，通常应以容易生长，根部发达、叶茎低矮或有匍匐茎的多年生草种为宜。最好采用几种草籽混合播种，使之生成一个良好的覆盖层。播种的坡面应平整、密实、湿润。

播种方法有撒播法、喷播法和行播法等。采用撒播法时，草籽应均匀撒布在已清理好的土质边坡上，同时做好保护措施。对于不利于草类生长的土质，应在坡面上先铺一层 5 ~ 10 cm 的种植土。路堑边坡较陡或较高时，可通过试验采用草籽与含肥料的有机质泥浆混合，用喷播法将混合物喷射于坡面。采用行播法时，草籽埋入深度应不小于 5 cm 且行距应均匀。种草应在温度、湿度较大的季节播种。播种前应在路堤的路肩和路堑的堑顶边缘埋入与坡面齐平的宽 20 ~ 30 cm 的带状草皮。播种后，应适时进行洒水施肥、清除杂草等养护管理，直到植物覆盖坡面。

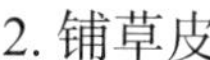

2. 铺草皮

铺草皮适用于各种土质边坡。特别是当坡面冲刷比较严重，边坡较陡，径流速度大于 0.6 m/s 时，采用铺草皮防护比较适宜。铺草皮的方式有平铺（平行于坡面）、水平叠置、垂直坡面或与坡面成一半坡角的倾斜叠置，以及采用片石铺砌成方格或拱式边框，方格式框内铺草皮等。铺草皮需预先备料，草皮可就近培育，切成整齐块状，然后移铺在坡面上。铺时应自下而上，并用竹木小桩将草皮钉在坡面上，使之稳定。草皮根部土应随草切割，坡面要预先整平，必要时还应加铺种植土，草皮应随挖随铺，注意相互贴紧。铺草皮施工时，应将边坡表面挖松整平，并尽可能在春秋季或雨季进行，不宜在冰冻时期或解冰时期施工。为提高防护效果，在铺草皮防护坡面上尽可能植树造林，以形成一个良好的覆盖层。

3. 植树

植树适用于各种土质边坡和风化极严重的岩石边坡，边坡坡度不陡于 1：1.5。在路基边坡和漫水河滩上植树，对于加固路基与防护河岸可收到良好的效果。它可以降低水流速度，种在河滩上可促使泥沙淤积，防止水流直接冲刷路堤。在风沙和积雪地面，林带可以防沙防雪，保护路基不受侵蚀。此外还可以美化路容，调节气候，改善高等级道路的美学效果。

植树防护宜选用在当地土壤与气候条件下能迅速生长，根系发达、枝叶茂密的树种，用于冲刷防护时宜选用生长很快的杨柳类或不怕水淹的灌木类，高等级道路边坡上严禁种植乔木。种植后在树木未成长前，应防止流速大于 3 m/s 的水流侵害。必要时应在树前方设置障碍物加以保护；植树防护最好与种草结合使用，使坡面形成一个良好的覆盖层，才能更好地起到防护作用。

（二）工程防护

对于不适宜草木生长的较陡的岩石边坡，可以采用抹面、捶面、喷浆、勾（灌）缝、坡面护墙等方法进行工程防护。

1. 抹面

抹面适用于易风化而表面比较完整，尚未严重风化剥落的岩石边坡，如页岩、泥岩、泥灰岩、千枚岩等。抹面作业前，应对被处治的边坡加以清理，去掉风化层、浮土、松动石块并填坑补洞，洒水湿润，以利牢固耐久。

抹面厚度为 3 ~ 7 cm，分两次进行，底层抹全厚的$\frac{2}{3}$，面层$\frac{1}{3}$。在较大面积上抹面时，应设置伸缩缝，其间距不宜超过 10 m。

2. 捶面

捶面适用于易受冲刷的土质边坡或易风化剥落的岩石边坡，边坡坡度不大于 1：0.5。捶面厚度 10 ~ 15 cm，一般采用等厚截面，当边坡较高时，采用上薄下厚截面。坡脚设 1 ~ 2 m 高的浆砌片石护坡。捶面材料常用石灰土、二灰土等。捶面前应清除坡面浮石松土，填补坑凹，有裂缝时应勾缝。在土质边坡上，为使护面贴牢，可挖小台阶或锯齿。坡面应先洒石灰水润湿，捶面时夯拍要均匀，提浆要及时，表面要光滑，提浆后 2 ~ 3 h 进行洒水养生 3 ~ 5 d。寒冷地区不宜在冬季施工。养护时如发现开裂和脱落应及时修补。在较大面积捶面时，应设置伸缩缝，其间距不宜超过 10 m。

3. 喷浆及喷射混凝土

喷浆及喷射混凝土适用于易风化但尚未严重风化的岩石边坡，且坡面较干燥。对高而陡的边坡、上部岩层较破碎而下部岩层完整的边坡和需大面积防护的边坡，采用此种方法较为适宜。对成岩作用差的黏土岩边坡不宜采用。喷浆厚度不宜小于 5 cm，喷射沉淀土厚度以 8 cm 为宜，分 2 ~ 3 次喷射。坡脚应做 1 ~ 2 m 高的浆砌片石护坡。施工前，坡面如有较大裂缝、凹坑时应先嵌补牢固，使坡面平顺整齐；岩体表面要冲洗干净，土体表面要平整、密实、湿润。喷层厚度应均匀，喷后应养护 7 ~ 10 d。

4. 勾缝、灌缝

灌缝适用于较坚硬、裂缝较大较深的岩石路堑边坡；勾缝适用于较硬、不易风化、节理缝多而细的岩石路堑边坡。灌缝可用体积比 1：4 或 1：5 的水泥砂浆。灌缝和勾缝前应先用水冲洗，并清除裂缝内的泥土、杂草。勾缝时要求砂浆应嵌入缝中，与岩体牢固结合。灌缝时要求插捣密实，灌满缝口并抹平。

（三）砌石防护

1. 石砌护坡

石砌护坡有干砌和浆砌两种，可用于土质或风化岩质路堑或土质路堤

边坡的坡面防护，也可用于浸水路堤及排水沟渠作为冲刷防护。

干砌片石虽有一定的支撑能力，但主要作用是防止水流冲刷边坡，故要求被防护的边坡自身应基本稳定（坡度一般为1：1.5～1：2）。对严重潮湿或有冻害的路段，一般不宜使用。干砌片石防护有单层铺砌、双层铺砌和编格内铺石等几种形式，可根据具体情况选用。用于冲刷防护时，如允许流速大于单层或双层时，则宜采用编格内铺石护坡。采用干砌片石防护时，为防止水流将铺石下面边坡上的细颗粒土带出来冲走，施工时，应在铺砌层的底面设0.1～0.2 m的碎石、砾石或砂砾混合物垫层，以增加整个铺石防护的弹性，使其不易损坏。同时，干砌片石最好用砂浆勾缝，防止水分侵入过多，以提高其整体强度。

浆砌片石护坡，适用于防护流速较大（4～5 m/s）的沿河路堤或采用干砌片石不适宜或效果不理想的其他路基坡面防护。尤其是与浸水挡土墙或护面墙等综合使用，防护不同岩层和不同位置的边坡，可收到较好的效果。但对严重潮湿或严重冻害的土质边坡，在未进行排水以前，则不宜采用。浆砌片石护坡宜用0.3～0.5 m以上的块（片）石砌筑，其厚度一般为0.2～0.5 m，用于冲刷防护时，最小厚度一般不小于0.35 m，护坡底面应设0.10～0.20 m厚的碎石或砂砾垫层。基础要求坚固，底面宜采用1：5向内倾斜的坡度，如遇坚石可挖成台阶式，在近河地段基础则应埋置于冲刷线以下0.5～1.0 m。浆砌片石护坡每长10～15 m，应留宽约2.0 cm的伸缩缝。护坡的中、下部应设10 cm×10 cm的矩形或直径为10 cm的圆形泄水孔（间距一般为2～3 m），泄水孔后0.5 m的范围内应设置反滤层。路堤边坡上的浆砌片石护坡，应在路堤压实或稳定后施工，以免因路堤沉落而引起护坡的破坏。

2. 护面墙

护面墙是一种浆砌片石的覆盖物。多用在易风化的云母片岩、绿泥片岩、泥质页岩、千枚岩及其他风化严重的软质岩层和较破碎的岩石地段，以防止其继续风化。护面墙仅能承受自重，不能承受侧压力，故要求被防护的边坡自身必须稳定，且必须大致平整。墙的厚度视墙高而定。沿墙身长度每10 m应设置2 cm宽的伸缩缝。墙身横、纵方向每隔2～3 m设置6 cm×6 cm或10 cm×10 cm的方形泄水孔，泄水孔的后面应用碎石和砂砾做反滤层。

护面墙的基础应置于坚固地基上，并应深入冰冻线以下至少 0.25 m，如果地基承载力不足，则应进行加固，对个别地基的软弱段落，可用拱形或搭板的形式跨过。为了提高护面墙的稳定性，视断面上基岩好坏，每 6 ~ 10 m 高为一级，设宽度不小于 1 m 的平台，墙背每 4 ~ 6 m 高设一宽度不小于 0.5m 的错台（或称耳墙）。对于防护松散层的护面墙，最好在夹层的底部土层中留出宽大于 1.0 m 的边坡平台，并进行加固，以增加护面墙的稳定性。在边坡开挖时，如岩石中形成凹陷，应以石砌圬工填塞，以支托突出的岩石或防止岩石继续破损碎落，保证整个边坡稳定，护面墙在修筑之前，对所防护的边坡，应清出新鲜面，对凹陷处可挖为错台。对于风化迅速的岩层，如云母片岩、绿泥片岩等边坡，清挖出新鲜面后，应立即修筑护面墙。护面墙的顶部应用原土夯填，以免边坡水流冲刷，渗入墙后引起破坏。

（四）加筋边坡

加筋边坡一般有两种情况，一种是填土加筋边坡，如在填筑路堤时，加筋材料随填土升高而分层埋入土中，其目的是节省用地，防止雨水冲刷边坡，从而强化路基的稳定性。另一种是原位加筋边坡，即对原有自然边坡或路堑边坡采用加筋法防护，在这种情况下，加筋不是分层埋入，而是钻孔锚入边坡。

加筋边坡是利用筋的抗拉、抗剪性能提高土体的自身强度，以达到稳定整个边坡的目的。这种加筋无须像锚杆、抗滑桩那样有很大的结构尺寸，因此造价低，施工简便，而且从上往下分层施工，既安全又不受施工场地狭窄的限制。在对自然边坡或挖方边坡进行原位加筋的方法中，锚钉又是目前应用得最多的一种技术，尤其是软质岩石边坡加固效果最佳。锚钉是将一系列的钢筋用砂浆锚入拟加固的原位边坡，然后在坡面喷射混凝土而形成的一种原位边坡防护构件。

锚钉墙的基本结构由锚钉、面板及锚钉头三部分组成。锚钉可用钢筋、钢管等材料制成，一般为 φ28 mm 的螺纹钢，钉的密度为 1 ~ 1.75 根 /m^2。灌浆可采用水泥砂浆或水泥浆。面板对边坡起防护作用，当然也可增强锚钉的加筋效果。锚钉边坡的施工程序一般可分为四个步骤：

（1）开挖，从上往下分层开挖边坡，每层高 1 ~ 2 m；

(2) 钻孔，常用孔径为 40 mm，采用普通钻机或潜孔钻机成孔；

(3) 灌浆并插入铺钉，将高压灌浆管插入孔底，随砂浆灌入，注浆管缓缓拔出以防孔内砂浆脱节，注好浆后将锚钉打入；

(4) 挂网、设置锚钉头，喷射混凝土覆盖新的开挖坡面，或者立模灌注钢筋混凝土面板。

二、冲刷防护

冲刷防护与加固主要针对沿河滨海路堤、河滩路堤及水泽区路堤，亦包括桥头引道以及路基旁边的防护堤岸等。此类堤岸常年或季节性浸水，受流水冲刷、拍击和淘洗，造成路基浸湿、坡脚淘空或水位骤降时路基内细粒填料流失，致使路基失稳，边坡崩坍。所以堤岸冲刷防护与加固，主要针对水流的破坏作用而设，起防水治害和加固堤岸双重功效。冲刷防护措施有两种：一种是加固岸坡的直接防护，除坡面防护和石砌护坡外，还有抛石、石笼、柔性混凝土块板及浸水挡土墙等；另一种是改变水流性质的间接防护，包括各种导流构造物，如丁坝、顺坝及拦河坝等。

(一) 直接防护

1. 抛石防护

抛石防护主要用于受水流冲刷和淘刷的路基边坡和坡脚，最适于砾石类河床路基的防护，且不受气候条件限制，对于季节性浸水和长期浸水的情况均适用。一般在枯水季节施工，附近盛产大块砾石、卵石以及废石方较多的路段，应优先考虑采用此种防护措施。抛石粒径应大于 0.3 m，并小于设计抛石厚度的$\frac{1}{2}$。抛石厚度一般为粒径的 3 ~ 4 倍，或为最大粒径的 2 倍。石料要求质地坚硬、耐冻且不易风化崩解。为了在洪水下降后，路堤迅速干燥，减少冲刷，应在抛石背后设置反滤层。抛石时，宜用不小于计算尺寸且大小不同的石块掺杂抛投，使抛石保持一定的密实度。

2. 石笼防护

石笼防护主要用于缺乏大石块的地区，防护沿河路堤坡脚的河岸免受急流和大风浪的破坏，同时也是加固河床、防止冲刷的常用措施。在含有大量泥沙的急流及基底土质良好的条件下，特别适宜石笼防护，因为石笼中石块间的空隙将很快被泥沙淤满而形成整体。石笼防护可在一年中任何时期施工，也可在任何气候条件及水流情况下采用。石笼的优点是有较好的强度和柔性，不需要较大的石料；其缺点是石笼网日久易锈蚀损坏，使石笼解体。因此，宜采用镀铸铁丝编笼。镀铸铁丝石笼的使用期约为 8 ~ 12 年。石笼一般制成圆柱形，以便于施工时滚动就位。其直径约 50 cm，长度按需要而定，也可做成长方体石笼以便于多层堆码。

(二) 间接防护

间接防护是采用导流与调治构造物，改变水流方向，减轻水流对路基岸边的冲刷，主要有丁坝、顺坝、拦河坝及改河工程等。

第三节　挡土墙构造及其施工

一、挡土墙的类型

(一) 按所处环境条件划分

挡土墙按所处环境条件可分为一般地区挡土墙、浸水地区挡土墙和地震地区挡土墙等。一般地区挡土墙按挡土墙设置位置可分为路肩墙、路堤墙、路堑墙和山坡墙等。当墙顶置于路肩时，称为路肩式挡土墙；若挡土墙支撑路堤边坡，墙顶以上尚有一定的填土高度，则称为路堤式挡土墙；如果挡土墙用于稳定路堑边坡，称为路堑式挡土墙。

路肩墙或路堤墙可以防止路基边坡或基底滑动，确保路基稳定，同时可收缩坡脚，减少填方数量，减少拆迁和占地面积，以及保护邻近线路的现有重要建筑物。浸水挡土墙可收缩坡脚，防止水流对路基的冲刷和侵蚀，也是减少压缩河床或少占库容的有效措施。路堑挡土墙主要用于支撑开挖后不能自行稳定的边坡，同时可减少挖方数量，降低刷坡高度，避免破坏山体平衡；还可用以支挡不良地质地段可能坍滑的土体。山坡挡土墙用以支挡山坡上可能坍滑的覆盖土层土体或破碎岩层。在考虑挡土墙设计方案时，应与其

他工程方案进行技术经济比较。例如，采用路堤或路肩挡土墙时，常与栈桥或填方等进行方案比较；采用路堑或山坡挡土墙时，常与隧道、明洞或刷缓边坡等方案做比较，以求工程技术经济合理。

(二) 按结构特点划分

挡土墙按结构特点可分为石砌重力式、石砌衡重式、加筋土重力式、混凝土半重力式、钢筋混凝土悬臂式和扶壁式、锚杆式和锚定板式、竖向预应力锚杆式、土钉式及桩板式等。各类挡土墙的适用范围取决于墙址地形、工程地质、水文地质、建筑材料、墙的用途、施工方法、技术经济条件及当地的经验等因素。

(三) 挡土墙类型选择原则

不同类型挡土墙，受力特点、工作机理有所不同。重力式挡土墙是依靠墙体本身的重力来抵抗土体压力，土体对墙体作用是主动作用，而墙体对土体的作用为被动作用，土体的作用力为不利因素，没有土体，挡墙可自立平衡；加筋挡土墙、土钉墙、锚杆式挡土墙的作用机理为墙、土共同作用来使结构体平衡，土体的作用在此是有利因素，没有土体，挡土墙便不能自立平衡，因此，这类挡土墙一般来讲较为经济，条件容许下应作为首选类型。挡土墙类型的选择应根据支撑填土或土体求得稳定平衡的需要，考虑荷载的大小和方向、基础埋置的深度、地形地质条件、与现有建筑物平顺衔接、容许的不均匀沉降、可能的地震作用、墙壁的外观、环保的特殊要求、施工的难易和工程造价综合比较后确定。

二、挡土墙的构造和布置

(一) 挡土墙的构造

挡土墙的构造必须在满足稳定性与强度要求的前提下，按照结构合理、断面经济和施工便利的原则比较确定。

1. 墙身断面

(1) 墙背：重力式挡土墙的墙背可做成俯斜、仰斜、垂直、凸形折线和衡重式五种。挡土墙犹如一个人站立在填土处背靠填土，趾部和胸部在填土的另一侧，墙背向外侧倾斜称俯斜；墙背向填土一侧倾斜称仰斜；墙背竖直时称垂直。墙背只有单一坡度，称为直线形墙背；若多于一个坡度，则称为折线形（凸形折线形）墙背；墙背带有衡重台，则为衡重式墙背。重力式挡土墙墙背坡度对于仰斜式一般采用 1∶0.25，仰斜墙背坡度不宜缓于 1∶0.3；俯斜墙背坡度一般为 1∶0.25～1∶0.45，衡重式或凸折式挡土墙上墙背坡度受墙身强度控制，根据上墙高度，采用 1∶0.25～1∶0.45 俯斜，下墙墙背坡度多采用 1∶0.25～1∶0.30 仰斜。衡重式挡土墙上墙与下墙高度之比，一般采用 2∶3 较为经济合理。

（2）墙面：基础以上的墙面，一般为直线形，其坡度应与墙背坡度相协调。地面横坡较陡时，墙面坡度影响挡土墙的高度，横向坡度愈大影响愈大。因此，墙面坡度一般为 1∶0.05～1∶0.20，矮墙时也可采用直立。地面横坡平缓时，墙面可适当放缓，但一般不缓于 1∶0.35，以免过多地增加墙高。仰斜式挡土墙墙面一般与墙背坡度一致或缓于墙背坡度；衡重式挡土墙墙面坡度采用 1∶0.05，在地面横坡较大的山区，采用衡重式挡土墙较经济。

（3）墙顶：浆砌片石挡土墙的墙顶宽度一般不应小于 0.5 m，路肩挡土墙墙顶应以粗料石或 C15 混凝土做帽石，其厚度通常为 0.4 m，宽度不小于 0.6 m，突出墙顶外的帽檐宽为 0.1 m；如不做帽石的路堤墙和路堑墙，应选用大块片石置于墙顶并用砂浆抹平；干砌挡土墙墙顶宽度不应小于 0.6 m，墙顶 0.5 m 高度范围内应用 M2.5 砂浆砌筑，以增加墙身稳定；整体灌筑的混凝土墙，墙顶宽度不应小于 0.4 m；钢筋混凝土顶宽不应小于 0.2 m。

（4）护栏：为保证交通安全，在非封闭性道路上，挡土墙高于 6 m 且挡土墙连续长度大于 20 m，挡土墙外为悬崖，或地面横坡陡于 1∶0.75 且挡土墙连续长度大于 20 m，靠近居民点，或行人较多的路段且挡土墙高于 3 m 时的路肩挡土墙，墙顶应设置人行防护栏杆。为保持路肩最小宽度，护栏内侧边缘距路面边缘的距离，不应小于 0.5～0.75 m；外侧距墙顶边缘不应小于 0.1 m。公路、一级公路防撞护栏设在土路肩宽度内。

2. 基础

（1）基础形式：绝大多数挡土墙，都直接修筑在天然地基上。当地基较弱，地形平坦，而墙身又超过一定高度时，为了减小基底压应力，增加抗倾覆的稳定性，可在墙趾处伸出一台阶，以拓宽基底。墙趾台阶的宽度，视基底应力需减小的程度而定，但不得小于 20 cm。台阶的高宽比，可采用 3∶2 或 2∶1。若基底应力超出地基容许承载力过多而需加宽很多时，为避免台阶过高，可采用钢筋混凝土底板。地基为软弱土层（如淤泥质土、杂填土等）时，可用砂砾、碎石、矿渣或灰土等质量较好的材料换填，以扩散基底压应力。

墙趾处地面横坡较陡，而地基为较完整坚硬的岩层时，基础可做成台阶形，以减少基坑开挖和节省圬工。台阶的尺寸，按具体的地形、地质条件确定，使基础不受侧压力的作用。台阶的高宽比一般不应大于 2∶1，台宽不宜小于 50 cm。地基若有短段缺口（如深沟等）或挖基困难（如需水下施工等），可采用拱形基础，以拱圈跨过，再于拱圈上砌筑墙身，但应注意土压力不宜过大，以免横向推力导致拱圈开裂，故应对拱圈作验算；或采用旱桥、垛式挡墙亦可。当横坡陡峻、岩层坚硬、基础悬空、施工困难、路基宽度不足时，可采用半边桥或悬出露台。

（2）基础埋置深度：基础埋置深度应按地基的性质、承载力的要求、冻胀的影响、地形和水文地质等条件确定。土质地基，基础埋置深度应符合下列要求：① 一般情况下，地表下不小于 1 m（土层密实稳定时，可酌情减小）；② 受水流冲刷时，基础应埋置在冲刷线以下不小于 1 m，当施工困难时，应采取其他措施，如增设混凝土基础，并在临河一侧采用可靠的护脚，或设桩基础；③ 受冻胀影响时，应在冻结线以下不小于 0.25 m；当冻结深度超过 1 m 时，可在冻结线下 0.25 m 内换填不冻胀材料，但埋置深度不小于 1.25 m。基底应夯实一定厚度（≥ 0.25 m）的砂砾或碎石垫层。碎石、卵石、中砂或粗砂等不冻胀土层中的地基基础，基础深度不宜小于 0.5 m（密实时）~ 1.0 m（疏松时）。

挡土墙基础置于硬质岩石地基上时，应置于风化层以下，基础嵌入基岩的深度不小于 0.15 ~ 0.60 m（按岩层的坚硬程度和抗风化能力选定）。当风化层较厚，难以全部清除时，可根据地基的风化程度及其相应的承载力将基底埋于风化层中。置于软质岩石地基上时，埋置深度不小于 0.8 m。挡土墙基础置于斜坡地面时，趾前应留有足够的襟边宽度，以防止地基剪切破坏。襟边宽可按嵌入深度的 1 ~ 2 倍考虑。

3. 排水措施及防水层

挡土墙排水的作用在于疏干墙后土体和防止地表水下渗后积水，以免墙后积水致使墙身承受额外的静水压力；减少季节性冰冻地区填料的冻胀压力；消除黏性土填料浸水后的膨胀压力。挡土墙的排水措施通常由地面排水和墙身排水两部分组成。地面排水主要是防止地表水渗入墙后土体或地基。地面排水措施有：设置地面排水沟，截引地表水；夯实回填土顶面和地表松土，防止雨水和地面水下渗，必要时可设铺砌层；路堑挡土墙墙趾前的边沟应予以铺砌加固，以防边沟水渗入基础。

墙身排水主要是为了排除墙后积水，通常在墙前地面以上设一排泄水孔。墙高时，可在墙上部适当高度处加设布置一排或数排泄水孔。泄水孔的尺寸可视泄水量大小，分别采用0.05 m × 0.1 m，0.1 m × 0.1 m，0.15 m × 0.2 m的方孔或直径为0.05 ~ 0.2 m的圆孔。孔眼间距一般为2 ~ 3 m，干旱地区可予增大，多雨地区则可减小；浸水挡土墙则为1.0 ~ 1.5 m孔眼应上下交错设置，最下一排泄水孔的出水口应高出地面0.3 m；如为路堑挡土墙，应高出边沟水位0.3 m；浸水挡土墙则应高出常水位0.3 m。下排泄水孔进水口的底部，应铺设0.3 m厚的黏土层并夯实，以防水分渗入基础。泄水孔的进水口部分应设置粗粒料反滤层，以防孔道淤塞。干砌片石挡土墙可不设泄水孔。

当墙后填料为黏土时，水分不宜渗入泄水孔排走。存在透水性不良或可能发生冻胀的可能，应在填料与墙背之间，于最低一排泄水孔至墙顶以下0.5 m的高度范围内，填筑不小于0.3 m厚的砂砾石或碎石加土工织物等渗水性材料做连续式排水层，以疏干墙后填土中的水；泄水量大时，还可在排水层底部加设纵向渗沟，配合排水层将水排于墙外。排水层的顶部和底部应用0.3 ~ 0.5 m厚的胶泥（或其他不透水性材料）封闭，以防止水流下渗。墙背一般不设防水层，只需用水泥砂浆把墙背表面的缝隙及凹处抹平。但在严寒地区，应做防水处理，在墙背先抹一层2 cm厚的5号砂浆，再涂2 mm厚的热沥青。

4. 沉降缝与伸缩缝

为避免因地基不均匀沉陷而引起墙身开裂，根据墙高和地基性质的变异、墙身断面的变化情况需设置沉降缝。在平曲线地段，挡土墙可按折线形布置，并在转折处以沉降缝断开。同时，为了减少圬工砌体因收缩硬化和温度变化作用而产生裂缝，需设置伸缩缝。设计中可将沉降缝和伸缩缝合并设置，沿路线方向每隔 10 ~ 15 m 设置一道，岩石地基亦不宜超过 25 m。

(二) 挡土墙的现场布置

挡土墙的施工布置通常在路基横断面图和墙脚纵断面图上进行。布置前，应现场核对路基横断面图（不满足要求时应补测），并测绘墙脚处的纵断面图，收集墙趾处的地质和水文等资料。

1. 挡土墙位置

路堑挡土墙大多设在边沟旁。山坡挡土墙应考虑设在基础可靠处，墙的高度应保证设置挡土墙后墙顶以上边坡稳定。路肩挡土墙因可充分收缩坡脚，大量减少填方和占地，当路肩墙与路堤墙的墙高或截面圬工数量相近、基础情况相似时，应优先选用路肩墙，按路基宽布置挡土墙位置。若路堤墙的高度或圬工数量比路肩墙显著降低，而且基础可靠时，宜选用路堤墙，必要时应作技术经济比较以确定墙的位置。

沿河路堤设置挡土墙时，应结合河流的水文、地质情况以及河道工程来布置，注意设墙后仍应保持水流顺畅，不至于挤压河道而引起局部冲刷。

2. 纵向布置

纵向布置在墙脚纵断面图上进行，布置后绘成挡土墙正面图。布置的内容有：

（1）确定挡土墙的起讫点和墙长，选择挡土墙与路基或其他结构物的衔接方式。路肩挡土墙端部可嵌入石质路堑中，或采用锥坡与路堤衔接；与桥台连接时，为了防止墙后回填土从桥台尾端与挡土墙连接处的空隙中溜出，需在台尾与挡土墙之间设置隔墙及接头墙。路堑挡土墙在隧道洞口应结合隧道洞门，翼墙的设置情况平顺衔接；与路堑边坡衔接时，一般将墙高逐渐降低至 2 m 以下，使边坡坡脚不致伸入边沟内，有时也可用横向端墙连接。

（2）按地基、地形及墙身断面变化情况进行分段，确定伸缩缝和沉降缝的位置。

（3）布置各段挡土墙的基础。墙脚地面有纵坡时，挡土墙的基底宜做成不大于 5% 的纵坡。但地基为岩石时，为减少开挖，可沿纵向做成台阶。台阶尺寸应随纵坡大小而定，但其高、宽比不宜大于1∶2。

(4) 布置泄水孔的位置，包括数量、间隔和尺寸等。

此外，在布置时应注明各特征断面的桩号以及墙顶、基础顶面、基底、冲刷线、冰冻线、常水位或设计洪水位的标高等。

3. 横向布置

横向布置应选择在墙高最大处、墙身断面或基础形式有变化处以及其他必需桩号的横断面图上进行。根据墙型、墙高、地基及填土的物理力学指标等设计资料，进行挡土墙的现场布置，确定墙身断面、基础形式和埋置深度，布置排水设施等，并绘制挡土墙横断面图。

4. 平面布置

对于个别复杂的挡土墙，如高、长的沿河挡土墙和曲线挡土墙，除了纵、横向布置外，还应进行平面布置，绘制平面图，标明挡土墙与路线的平面位置及附近地貌和地物等情况，特别是与挡土墙有干扰的建筑物的情况。沿河挡土墙还应绘出河道及水流方向、其他防护与加固工程等。

三、挡土墙施工要点

(一) 材料要求

1. 填料选择

由土压力理论可知，填料的内摩擦角愈大，主动土压力就愈小；而填料的容重愈大，主动土压力就愈大。因此，施工中应选择内摩擦角大、容重小的填料，有条件时应优先采用砂类土、碎(砾)石土填筑。这些填料透水性好，抗剪强度大且稳定、易排水，能显著减少主动土压力。

因黏性土的压实性和透水性较差，又常具有吸水膨胀性和冰胀性，产生侧向膨胀压力，从而影响挡土墙的稳定，一般不宜采用黏性土。当不得已需采用时，应适当掺入碎石、砾石和粗砂等，或采取结合料(石灰)处理后使用。对于重要的、高度较大的挡土墙，不应用黏土作为填料。由于黏土性能不稳定，在干燥时体积易收缩，而在遇水时易膨胀，其交错收缩与膨胀使得作用于墙背上的土压力无法正确估计，实际土压力值有时比理论计算值大得多，从而导致挡土墙外移或外倾，甚至使挡土墙失去作用和破坏。

严禁使用腐殖土、盐渍土、淤泥、白垩土及硅藻土等作为填料，填料中也不应含有机物、冰（冻土）块、草皮、树根等杂物及生活垃圾。在季节性冰冻地区，不能使用冻胀材料。

浸水挡土墙墙背应全部用水稳性和透水性较好的材料填筑。

2. 墙身材料要求

石料应经过挑选，采用结构密实、质地均匀、不易风化且无裂缝的硬质石料，其抗压强度不小于 30 MPa。在冰冻及浸水地区，应具有耐冻和抗侵蚀性能。

尽量选用较大的石料砌筑。块石形状应大致方正，上下面大致平整，厚度不小于 0.2 m，宽度和长度约为厚度的 1 ~ 1.5 倍和 1.5 ~ 3 倍，用作镶面时，由外露面四周向内稍加修凿。片石应具有两个大致平行的面，其厚度不小于 0.15 m，宽度及长度不小于厚度的 1.5 倍，质量约 30 kg。用作镶面的片石可选择表面较平整，尺寸较大者，应稍加修整。粗料石外形应方正成大面体，厚度为 0.2 ~ 0.3 m，宽度为厚度的 1 ~ 1.5 倍，长度为厚度的 2.5 ~ 4 倍，表面凹陷深度不大于 20 mm。用作镶面时，应适当修凿，外露面应有细凿边缘。

混凝土预制块的规格与料石相同，抗压强度不小于 C15，并根据砌体形式的需要和起吊能力决定预制块的形状大小。砌筑挡土墙用的砂浆标号应按挡土墙类别、部位及用途选用，一般不小于 M5 ~ M7.5。宜采用中砂或粗砂，当用于砌筑片石时最大粒径不宜超过 5 mm，砌筑块石、粗料石、混凝土块时不宜超过 2.5 mm。干砌挡土墙的墙高时最好用块石砌筑。在墙高超过 5 m 或石料强度较低时，可在挡土墙的中部设置厚度不小于 0.5 m 的浆砌层，以增加墙身的稳定性。干砌挡土墙的高度一般不超过 6 m，高等级道路不宜采用干砌挡土墙。

水泥混凝土挡土墙所用混凝土强度等级不低于 C15，其基础部分可采用相同等级的片石混凝土（其中掺入片石量不超过总体积的 25%）。严寒地区采用 C20 的混凝土或片石混凝土；轻型挡土墙采用不低于 C20 的钢筋混凝土。

（二）施工要点

挡土墙施工应根据设计要求，结合实际地形、地质资料，综合考虑结构类型、材料情况与施工条件等因素，保证挡土墙正常使用。在挡土墙施工中应认真做好以下工作。

(1) 广泛收集，认真分析施工现场的地形、地质、填料性质及荷载条件等资料。根据平面布置，结合当地经验和现场地质条件，参考同类或已建成的经验，初步选定挡土墙的施工方案。通过试验确定填料性质指标，如容重、内摩擦角与黏聚力、墙背摩擦角等符合实际的数值。

(2) 多雨地区及冰冻地区，在挖方路段进行挡土墙施工时，应考虑到雨季、冻融季节土体含水量的增加会使填料内摩擦角降低较多，对挡土墙的稳定性影响很大。施工前应做好地面排水工作，保持基坑干燥；浸水挡土墙宜在枯水季节施工。

(3) 墙后临时开挖边坡的坡度，随不同土层和边坡高度而定。在松软地层、塌方或坡积层地段，基坑不宜全段开挖，以免在挡土墙砌筑过程中发生坍滑，而应采用跳槽间隔分段开挖的方法，以保证施工安全。基坑开挖后，若发现地基与设计情况有出入，应按实际情况调整设计，若发现岩基有裂缝，应以水泥砂浆或小石子混凝土灌注饱满，若基底岩层有外露的软弱夹层，宜在墙趾前对该层做封面防护，以防风化剥落后，基础折裂而致使墙身外倾。墙趾部分的基坑，在基础施工完后应及时回填夯实，并做成不小于4% 外倾斜坡，以免积水下渗，影响墙身的稳定。

(4) 基础施工时，必须充分掌握地基的工程地质与水文地质条件，在安全、可靠、经济的条件下，确定基础类型、埋置深度及地基处理措施。在自然滑坡等不稳定地基上，尽量不设挡土墙；对于岩层倾斜（滑向山坡外侧）、表层软弱、横坡较陡的岩层上设挡土墙时，应尽量少开挖，以免破坏岩层的天然稳定状态。挡土墙沿路线方向位于斜坡上时，基底纵坡不应陡于 5%，当纵坡陡于 5% 时，应将基底做成台阶形式；横向坡度较大时，在较坚硬的岩石地段，可做成台阶状基础，台阶的切割应满足设计要求。挡土墙基础如置于基岩时，应清除表层风化部分；如置于土层时，不应放在软土、松土和未经特殊处理的回填土上，应置于密实的土层中。

(5) 墙顶设有护墙、护坡时，应采取措施，防止护墙、护坡沿着土体表面下滑。如在护墙、护坡背后设耳墙，或做粗糙面，使与土体密贴；或在护墙、护坡与挡土墙顶接触处设边坡平台。必要时应根据计算加大墙身截面。浆砌挡土墙的砂浆水灰比必须符合要求，灰浆应填塞饱满。基岩基坑砌料应靠紧基坑侧壁，使之与岩层结为整体。浆砌挡土墙应错缝砌筑，填缝必须紧密，不得做成水平通缝，墙趾台阶转折处，不得做成竖直通缝。墙体应达设计强度的75%以上，方可回填墙后填料。回填前，应确定填料的最佳含水量和最大干密度，根据碾压机具和填料性质，分层填筑压实，压实度应满足设计要求。墙后回填必须均匀摊铺平整，并设不小于3%的横坡，以利排水。墙背1.0 m范围内，不得有大型机械行驶或作业，防止碰坏墙体，可用小型压实机械碾压，分层厚度不得超过0.2 m。墙后地面横坡陡于1∶5时，应先处理填方基底（如铲除草皮、开挖台阶等）再填土，以免填方顺原地面滑动。

（6）经常受侵蚀性环境水作用的挡土墙，应采用抗侵蚀的水泥砂浆砌筑或抗侵蚀的混凝土浇筑，否则应采取其他防护措施。沿河、滨湖、水库地区或在海岸附近的挡土墙，由于基底受水流冲刷或波浪侵袭，常导致墙身的整体破坏，应注意加固与防护。浸水挡土墙墙后应尽量采用渗水材料填筑，以利迅速宣泄积水，减少由于水位涨落引起的动水压力。

（7）地震地区的挡土墙，当相邻两段的地面标高不同时，应在标高变化处设置接缝。为减少地震力的作用，施工前必须疏干墙后填料。浆砌挡土墙高度大于8 m时，宜沿墙高每隔4 m设置一层混凝土垫层，并应与上、下层片石充分交错咬紧。

四、加筋土挡土墙

加筋土挡土墙是利用加筋土技术修建的一种支挡结构物。加筋土是一种在土中加入拉筋的复合土，它利用拉筋与土之间的摩擦作用，改善土体的变形条件和提高土体的工程性能，从而达到稳定土体的目的。加筋土挡土墙由填料、在填料中布置的拉筋以及墙面板三部分组成。加筋土挡土墙一般应用于地形较为平坦且宽敞的填方路段上。在挖方路段或地形陡峭的山坡，由于不利于布置拉筋，一般不宜使用。

（一）加筋挡土墙的分类及适用场合

按拉筋的形式可分为：条带式加筋土挡土墙，即拉筋为条带式，每一层不满铺拉筋；席垫式土工合成材料加筋挡土墙，即每一层连续满铺土工格网或土工席垫拉筋。目前，我国主要采用条带式有面板的加筋土挡土墙。加筋土挡土墙按其断面外轮廓形式，一般分为路肩式、路堤式和台阶式等。按加筋土挡土墙断面形式，一般分为矩形、正梯形、倒梯形和锯齿形。

加筋土挡土墙适用于多种场合：

1. 道路挡土墙

因施工速度快，质量容易控制，省时间、省人力，提早完成道路工程，提早开放交通等优点，大部分加筋土用于道路和铁路挡土墙。

2. 桥台

若地基稳固，加筋土墙可作为桥台直接支撑桥梁，承受桥梁荷载，省去桩基础，缩短工期，降低造价。加筋土桥台有整体式加筋土桥台、内置组合式加筋土桥台、外置组合式加筋土桥台。

3. 山坡道路和护坡处理

由于加筋土墙属大型柔性重力式结构，其用于山坡道路建设可承受极大的土推力和水压力。在排水方面，比其他挡土墙更容易处理。

4. 河岸、海岸堤坝及码头等工程

加筋土挡墙可承受较大的地基不均匀沉降，能建造于河边、海边或地质变化大、地质强弱交替的地方，作为适用可靠的挡土防洪防冲刷墙、河堤、海堤和水坝，并减少地基处理费用。

5. 地震区、工业和军事上的用途

加筋土挡土墙具有很强的抗震能力，许多实例证明，加筋土墙在强烈地震后仍然屹立不倒。在美国加州和日本神户大地震后，震区内的加筋土墙只受到轻微的损坏。在工业和军事上，许多先进国家采用加筋土墙做矿物仓储、石油、天然液化气储藏罐防火、防爆墙及武器库防爆、防空袭墙。其他加筋土结构还有加筋土料仓、加筋土储仓、加筋土溜槽、加筋土拱、加筋土储液池等。

(二) 加筋土挡墙材料与构造要求

加筋土挡墙由填料、拉筋及墙面板组成，应根据具体条件与设计要求合理选用各组成部分的材料与构造。

1. 加筋土挡墙横断面

加筋土挡墙的横断面形式一般采用矩形，即拉筋长度在加筋体内均相同，这种断面形式是根据最小拉筋长度的要求提出来的。斜坡地段由于地形条件限制可采用倒梯形断面，即拉筋长度随填土深度的增加而减短，这种断面形式符合库仑破裂面的情况。在宽敞的填方地段可用正梯形断面，即拉筋的长度随填土深度的增加而加长。这种断面是根据传统的重力式挡土墙的断面形式提出来的，视加筋体为俯斜式挡土墙。

加筋土挡土墙高度大于 12 m 时，应分级设置，墙高的中部应设置宽度不小于 1.0 m 的错台，台面用混凝土板防护并设向外倾斜 20% 的排水横坡。当采用细粒土填料时，上级墙的墙面板基础应设置宽度不小于 1.0 m、高度不小于 0.5 m 的石灰土或砂砾人工地基。墙高大于 20 m 时应进行特殊设计处理。

2. 填料

填料是加筋土体的主体材料，由它与拉筋产生摩擦力，其基本要求为：易于填筑与压实；能与拉筋产生足够的摩擦力；满足化学和电化学标准；水稳定性好（浸水工程）。

为了使拉筋与填料之间能发挥较大的摩擦力，以确保结构的稳定，通常填料优先选择具有一定级配、透水性好的砂类土、碎（砾）石类土。粗粒料中不得含有尖锐的棱角，以免在压实过程中压坏拉筋。当采用黄土、黏性土及工业废渣时，应做好防水、排水设施和确保压实质量等。从压实密度的需求出发，粒径 D=60 ~ 200 mm 的卵石含量不宜大于 30%，最大粒径不宜超过 200 mm。填料的化学和电化学标准，主要为保证加筋的长期使用品质和填料本身的稳定，加筋体内严禁使用泥炭、淤泥、腐殖土、冻土、盐渍土、白垩土、硅藻土及生活垃圾等，填料中不应含有大量有机物。对于采用聚丙烯土工带的填料中不宜含有两阶以上的铜、镁、铁离子及氯化钙、碳酸钠、硫化物等化学物质，因为它们会加速聚丙烯土工带的老化和溶解。

3. 拉筋

拉筋（又称筋带）的作用是承受垂直荷载和水平拉力，并与填料产生摩擦力。根据材质情况，可分为四大类：

第一类为天然植物，如竹筋（竹片）、柳条等。一般用于临时工程、临时抢险工程等。

第二类为金属材料，如扁钢带、带肋钢带、镀锌钢带、不锈钢钢带等。

第三类为合成材料，如聚丙烯、聚乙烯、聚酯、尼龙、玻璃纤维材料等，其形式主要有聚丙烯条带、土工格栅、土工网、土工织物（俗称土工布）。

第四类为复合材料，如钢筋混凝土带、钢—塑复合加筋带等。

作为挡土墙加筋材料，目前我国大多采用第三、第四类材料，但国外普遍采用第二类中的镀锌的带肋钢带。在加筋土结构中，不管采用哪类加筋材料，有两点必须特别强调和严格控制：一是材料的变形和强度；二是材料的耐久性。

拉筋是加筋土结构的关键部分，其作用是承受垂直荷载和水平拉力，并与填料产生摩擦力。因此，拉筋材料必须具有以下特性：抗拉能力强，延伸率小，蠕变小，不易产生脆性破坏；与填料之间具有足够的摩擦力；耐腐蚀和耐久性能好；具有一定的柔性，加工容易，接长及与墙面板连接简单；使用寿命长，施工简便。

4. 墙面板

在加筋土挡墙结构中，墙面板的作用是阻止土体填料滑塌，使加筋材料与土体填料组成的复合土体（加筋土体）免遭侵蚀，保证填料、拉筋和墙面构成具有一定形状的整体。墙面板不仅要有一定的强度以保证拉筋端部土体的稳定，而且要求具有足够的刚度，以抵抗预期的冲击和振动作用，又应有足够的柔性，以适应加筋体在荷载作用下产生的容许沉降所带来的变形。因此，墙面板应满足坚固、美观以及运输与安装方便等要求。面板材料有金属制品、混凝土或钢筋混凝土、条石或石板等。素混凝土板用得较少，我国目前绝大部分采用的是钢筋混凝土面板。面板形式一般根据环境条件和使用功能、建筑和艺术上的要求进行构造设计，面板尺寸则根据结构上和施工上的要求确定。混凝土或钢筋混凝土墙面板的类型有十字形、槽形、六角形、L 形、矩形和弧形等各种形式，为适应顶部和角隅处的构造要求，还需异形面板和角隅板。

墙面板混凝土强度不应低于 C20，板厚不小于 8 cm。挡土墙较高时，墙面板厚度可按不同高度分段考虑，但分段不宜过多。墙面板与拉筋间的连接必须坚固可靠，通常用联结构件来实现。对于十字形、六角形或矩形等厚度墙面板，当采用钢带或钢筋混凝土带时，联结构件可以采用预埋钢板，外露部分预留 12 ~ 18 mm 的连接孔，预埋钢板厚度不小于 3 mm。当采用聚丙烯土工带时，可以在墙面板内预埋钢环。槽形、L 形墙面板可在肋部预留穿筋孔，以便与聚丙烯土工带相联结，钢环为直径不小于 10 mm 的Ⅰ级钢。露在混凝土外部的钢环和钢板应做防锈处理，与聚丙烯土工带接触面处应加以隔离，可用涂刷聚氨酯或两层沥青、两层布作为防锈和隔离。墙面板四周应设企口和相互连接装置，当采用钢筋插销连接时，插销直径不应小于 10 mm。

金属面板由软钢或镀锌钢制作，每块板的高度一般为 250 mm 或 333 mm，厚度为 3 ~ 5 mm，长度为 3 m、6 m 和 10 m 多种，断面多为半椭圆形。为适应地形和构造要求，同样也会有非标准构件和转角处的异形板。

5. 排水

在加筋土挡土墙设计中，必须做好挡土墙及其附近的排水设计。因为加筋体内部的填料浸水饱和时，将在水压力作用下使筋带所受拉力增加，而且当填料中含有细粒土时还会降低土与筋带之间的摩擦力。此外，如水中含有对筋带产生腐蚀性的盐类等物质，将影响筋带使用寿命。因此，对流向加筋体的水，应根据当地实际情况设置必要的排水或防水工程。

当加筋土填料采用细粒土并有路面水渗入时，应在墙面后，由散水高度至墙顶 0.5 m 之间设置垂直排水层，其作用是加强排泄墙背积水和减少墙面的水压力和冻胀力。但当雨量少，路面封闭性好，能确保地面水不渗入加筋体内时也可不设。若加筋体的背面有地下水渗入时，还应在加筋体后部和底部增设排水层。但当加筋体建在渗透性很强的地基上时，则底部排水层可不设置。排水层一般采用砂砾，厚度不小于 0.5 m，必要时在进水面上铺设土工织物过滤层，以防淤塞。

浸水加筋土挡土墙，应慎重选用。当采用时，要用渗透性良好的粗粒土作为填料，以便水位涨落变化时水能较自由地出入加筋体，尽可能减少加筋土体内的水压力。但当缺少粗粒土时，可在加筋体中铺设几层渗透性材料夹层，并在面板后填用相同材料的渗水层，而其余采用细粒土填料，这样可能较为经济。

6. 基础

加筋土挡土墙的基础一般情况下只在墙面板下设置宽度 0.3 ~ 0.5 m，厚度为 0.25 ~ 0.4 m 的条形基础，可用现浇混凝土或片（块）石砌筑。当地基为土质时，应铺设一层 0.1 ~ 0.15 m 厚的砂砾垫层，如果地基土质较差，承载力不能满足要求，应进行地基处理，如采用换填、土质改良以及补强等措施。在岩石出露的地基上，一般可在基岩上打一层贫混凝土找平，然后在其上砌筑加筋土挡土墙。若地面横坡较大，则可设置混凝土或片石基础。加筋土挡土墙的面板应考虑一定的埋置深度，以防止土粒流失而引起面板附近加筋体的局部破坏。其埋深应考虑地基的地质与地形条件、冻结深度和冲刷等条件。

在土质地基上的埋置深度决定于土层的性质，一般应根据土的承载力和压缩性质等具体情况而定。在无冲刷与冻胀影响时至少应在天然地面以下 0.4 ~ 0.6 m；设置在斜坡上的加筋土挡土墙，埋置深度应从斜坡顶部水平襟边面算起，水平襟边宽规定为 1 m。混凝土面板下的扩大基础板不计入面板埋置深度内。

季节性冰冻地区，为防止地基冻胀的危害，在冻深范围内采用非冻胀性的中砂、粗砂、砾石等粗粒土换填。填料中的粉、黏颗粒含量应不大于 15%。此时，埋深可小于冰冻线。

浸水加筋土挡土墙应埋置在冲刷线以下 1 m，并要防止墙面板后填料的渗漏。非浸水加筋土挡土墙，当墙面板埋深小于 1 m 时，宜在墙面与地表处设置宽为 1.0 m 的混凝土预制块或浆砌片石护坡，其表面做成向外倾斜 3% ~ 5% 的横坡。当墙面基底沿路线方向有坡度时，一般采用纵向台阶，注意在错台处要保证最小埋置深度。

（三）加筋土挡土墙的现场布置与施工要点

1. 加筋土挡土墙的纵向布设

在加筋土内部或下部有涵洞时，因作用于地基的荷载强度与一般部位不同，易产生不均匀下沉，为不使墙面发生过大的变形，纵向必须设置沉降缝。此外，即使是一般部位，若会出现不均匀下沉时，也应适当地设置沉降缝。沉降缝间距应根据地形、地质、墙高以及筋体内是否有涵洞等条件确定，一般为 10 ~ 30 m。

当设置路檐板时，应沿长度每隔 30 m 设伸缩缝。沉降缝与伸缩缝宽度

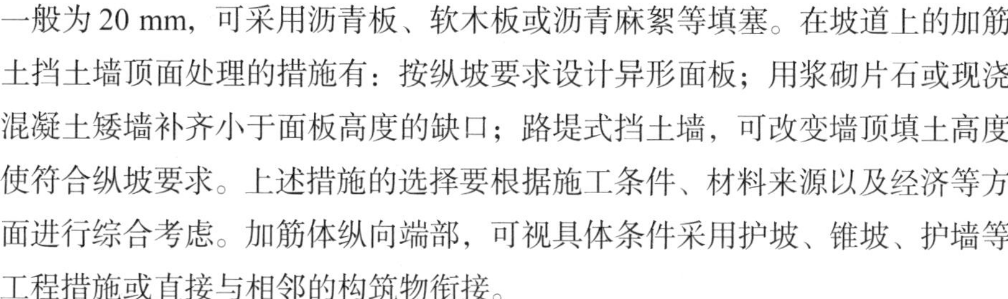

一般为 20 mm，可采用沥青板、软木板或沥青麻絮等填塞。在坡道上的加筋土挡土墙顶面处理的措施有：按纵坡要求设计异形面板；用浆砌片石或现浇混凝土矮墙补齐小于面板高度的缺口；路堤式挡土墙，可改变墙顶填土高度使符合纵坡要求。上述措施的选择要根据施工条件、材料来源以及经济等方面进行综合考虑。加筋体纵向端部，可视具体条件采用护坡、锥坡、护墙等工程措施或直接与相邻的构筑物衔接。

2. 加筋土挡土墙施工要点

(1) 拉筋布置：拉筋一般应水平放置，务必拉紧，并垂直于墙面板。当两根以上的拉筋固定在同一个锚接点上时，应在平面上呈扇形错开，使拉筋的摩擦力能够充分发挥。但当采用聚丙烯土工带时，在满足抗拔稳定性要求的前提下，部分为满足强度要求而设置的拉筋可以重叠。当采用钢片和钢筋混凝土带时，水平间距不能太宽，否则拉筋的增加效果将出现作用不到的区域，一般可取最大间距为 1.5 m。

聚丙烯土工带从墙面板预制拉环或预埋孔中穿过并绑扎后，呈扇形辐射状铺设在压实整平的填土上，不应重叠，不得卷曲或折曲。在角隅处应采用角隅伞形构件并布设增强拉筋。在加筋体的凸部，有应力集中而造成外胀的趋势，因此，要在墙面拐角处安装加强拉筋。在凹部，为使墙背后不留有无配筋的墙体，应增设拉筋，以使拉筋的密度与一般部位相同。在加筋土挡土墙中设有斜交的横向结构物（如涵洞）时，在垂直于墙面的方向上，拉筋无法配置到所需的长度，则应配置足够的增强拉筋。双面加筋土挡土墙的拉筋，当相互插入时，同一平面上的拉筋尽可能错开，避免重叠，以免影响摩擦阻力的充分发挥。

(2) 墙面板预制与安装：加筋土挡土墙的面板预制要用钢模板，尺寸一定要准确，这样预制成的面板拼装时纵、横缝才能符合标准，使面板间接缝受力均匀，拼出的挡墙使用寿命长且美观。

五、其他轻型挡土墙

(一) 锚杆挡土墙

锚杆挡土墙是由钢筋混凝土墙面和锚杆组成的支挡构造物，它依靠锚固在稳定地层的锚杆所提供的拉力维持挡土墙的平衡，多用于具有较完整岩石地段的路堑边坡支挡。深路堑锚杆挡土墙可以自上而下逐级施工，比较方便和安全。

锚杆挡土墙的结构形式主要有柱板式和板壁式两种。柱板式锚杆挡土墙一般采用灌浆锚杆，具有较大的抗拔力，可用作路堑挡土墙，也可用于陡坡路堤挡土墙。板壁式锚杆挡土墙一般由钢筋混凝土板和楔缝式锚杆组成，多用作岩石边坡的防护加固。

柱板式锚杆挡土墙由肋柱、挡土板和灌浆锚杆组成，可以采用拼装式，也可以就地灌筑。为便于施工，一般为直立式，根据不同的地形地质条件，可做成单级和多级。多级墙的上、下两级之间应设置平台，平台的宽度通常不小于 1.5 m，每级墙的高度一般不宜大于 6 m。锚杆采用钻机钻孔。一般向下倾斜 10°~45°，直径为 100 ~ 150 mm，间距不小于 2.0 m。孔内安放钢筋或钢丝束，用灌注水泥砂浆的方法，使其锚固于稳定的地层内。灌浆锚杆也可用于土层，但由于土层与锚杆间的握固力较低，需采用扩孔和加压灌浆等方法提高锚杆的抗拔力。肋柱的间距一般为 2 ~ 3 m。肋柱的截面多为矩形，也有为 T 形。为安放挡土板和设置锚杆孔，截面的宽度不宜小于 30 cm。肋柱的底端，一般做成自由端和铰支端，如基础埋置深，且为坚硬岩石时，也可作为固结端。挡土板可采用钢筋混凝土槽形板、空心板和矩形板。矩形板的厚度一般不得小于 15 cm。挡土板两端与肋桩的搭接长度不得小于 10 cm。

（二）锚定板挡土墙

锚定板挡土墙是一种适用于填方的轻型挡土结构。它由墙面系、钢拉杆、锚定板和填料组成，依靠埋置于填料中的锚定板所提供的抗拔力维持挡土墙的稳定。其主要特点是结构轻、柔性大。锚定板挡土墙主要有肋柱式和无肋柱式两种。肋柱式锚定板挡土墙的墙面由肋柱和挡土板组成，一般为双层拉杆，锚定板的面积较大，拉杆较长，挡土墙的变形量较小，可用作路肩、路堤挡土墙。无肋柱式锚定板挡土墙的墙面由钢筋混凝土板组成，外形美观，施工简便，多用于城市及近郊。肋柱式锚定板挡土墙由肋柱、挡土板、锚定板、钢拉杆、连接件和填料组成，一般还设有基础。单级的墙高不宜大于 6 m；双级的上下两级之间，应设平台，平台宽度不小于 1.5 m，上下

两级墙的肋柱错开布置。

锚定板挡土墙的肋柱和挡土板与锚杆挡土墙的相似。锚定板通常采用方形钢筋混凝土板，也可采用矩形板，其面积不小于 0.5 m^2。拉杆应采用螺纹钢筋，其直径不宜小于 22 mm，亦不宜大于 32 mm。通常拉杆用单根钢筋，必要时也可用两根钢筋组成。锚定板挡土墙后的填料，应采用砂砾土及细粒土。不得采用膨胀土、盐渍土、有机质土以及巨粒土。肋柱基础可采用混凝土条形基础或杯座式基础等，肋柱基础厚度不宜小于 50 m，襟边不宜小于 10 cm，寒冷及严寒地区冻胀性土中的肋柱基础，其基底应位于冻结线以下 0.25 m，或采取换填保温层等处理措施。

（三）悬臂式挡土墙和扶壁式挡土墙

悬壁式和扶壁式挡土墙是轻型支挡结构物。依靠墙身自重和墙底板上填土（包括车辆荷载）的重量维持挡土墙的稳定，适用于石料缺乏和地基承载力较低的填方地段。

1. 悬臂式挡土墙

悬臂式挡土墙由立臂和墙底板组成。墙高一般不大于 6 m。当墙高大于 4 m 时，应在立臂前设置加劲肋。为了增加挡土墙的抗滑稳定性，减少墙踵板的长度，通常在墙踵板的底部设置凸榫（防滑键）。立臂为固结于墙底板的悬臂梁。为了便于施工，立臂的背坡一般为竖直，胸坡一般为 1∶0.02 ~ 1∶0.05。墙顶的最小厚度通常采用 15 ~ 25 cm，路肩挡土墙不宜小于 20 cm。当墙身较高时，应在立臂的下部将截面加厚。墙底板由踵板和趾板两部分组成。墙踵板顶面水平，其长度由全墙的抗滑稳定验算确定，厚度通常为墙高的 $\frac{1}{12} \sim \frac{1}{10}$，且不应小于 30 cm。墙趾板的长度根据全墙的抗倾覆、基底应力和偏心距等条件确定。墙趾板与立臂衔接处的厚度与墙踵板相同，朝墙趾方向一般设置向下倾斜的坡度，墙趾端的最小厚度为 30 cm。凸榫的高度由凸榫前土体的被动土压力满足全墙的抗滑稳定要求确定。凸榫的厚度应满足混凝土的抗剪和抗弯的要求，为了便于施工，还不应小于 30 cm。

2. 扶壁式挡土墙

扶壁式挡土墙由墙面板、墙趾板、墙踵板和扶壁组成，通常还设置凸榫。墙高一般不宜大于10 m。墙趾板和凸榫的构造与悬臂式挡土墙相同。墙面板通常为等厚的竖直板，与扶壁和墙踵板固结相连。其厚度，矮墙决定于板的最小厚度，高墙则根据配筋要求确定。墙面板的最小厚度与悬臂式挡土墙相同。

第六章　桥梁工程施工

第一节　桥梁施工准备工作

桥梁施工准备工作包括技术准备、组织准备、物资准备和现场准备工作。

一、技术准备

技术准备是施工准备工作的核心。技术准备必须认真做好以下准备工作。

（一）图纸会审和技术交底

1. 图纸会审

施工单位在收到拟建工程的设计图纸和有关技术文件后，应尽快组织工程技术人员熟悉、研究所有技术文件和图纸，全面领会设计意图；检查图纸与其各组成部分之间有无矛盾和错误；在几何尺寸、坐标、高程、说明等方面是否一致；技术要求是否正确；与现场情况进行核对。目的是在建设单位组织图纸会审时，能尽可能把问题解决在正式开工前，避免在施工中出现图纸上的问题，再来协商解决，浪费时间，影响进度，有时还会影响质量。同时要做好详细记录，记录应包括对设计图纸的疑问和有关建议。

2. 技术交底

施工中必须建立技术与安全交底制度。作业前主管施工技术人员必须向作业人员进行安全与技术交底，并形成文件。

设计技术交底一般由建设单位（业主）主持，设计、监理和施工单位（承包人）参加。先由设计单位说明工厂的设计依据、意图和功能要求，并对特殊结构、新材料、新工艺和新技术提出设计要求，进行技术交底。然后施工

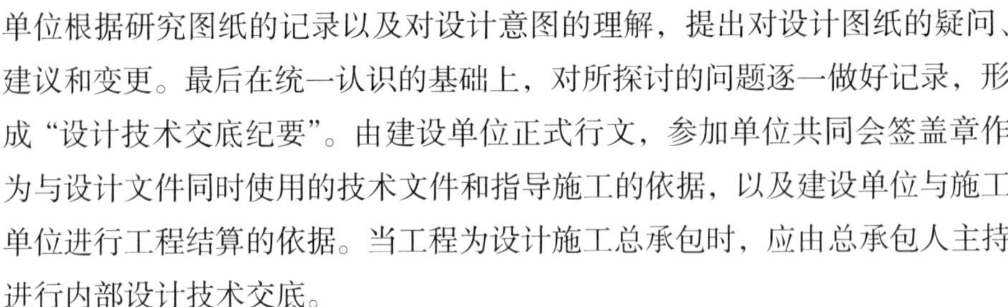
单位根据研究图纸的记录以及对设计意图的理解，提出对设计图纸的疑问、建议和变更。最后在统一认识的基础上，对所探讨的问题逐一做好记录，形成“设计技术交底纪要”。由建设单位正式行文，参加单位共同会签盖章作为与设计文件同时使用的技术文件和指导施工的依据，以及建设单位与施工单位进行工程结算的依据。当工程为设计施工总承包时，应由总承包人主持进行内部设计技术交底。

（二）原始资料的进一步调查分析

对拟建工程进行实地勘察，进一步获得有关原始数据的第一手资料，这对于正确选择施工方案、制定技术措施、合理安排施工顺序和施工进度计划是非常必要的。

1. 自然条件的调查分析

主要内容包括河流水文、河床地质、气候条件、施工现场的地形地物等自然条件的调查分析。

2. 技术经济条件的调查分析

主要内容包括施工现场的动迁状况、当地可利用的地方材料状况、地方能源和交通运输状况、地方劳动力和技术水平状况、当地生活物资供应状况、可提供的施工用水用电状况、设备租赁状况、当地消防治安状况及分包单位的实力状况等。

（三）拟订施工方案

在全面掌握设计文件和设计图纸，正确理解设计意图和技术要求，以及进行以施工为目的的各项调查后，应根据进一步掌握的情况和资料，对投标时初步拟定的施工方法和技术措施等进行重新评价和深入研究，以制订出详尽的更符合现场实际情况的施工方案。

施工方案一经确定，即可进行各项临时性结构诸如基坑围堰、钢围堰的制造场地及下水、浮运、就位、下沉等设施，钻孔桩水上工作平台，模板支架及脚手架等施工设计。施工设计应在保证安全的前提下，尽量考虑使用现有材料和设备，因地制宜，使设计出的临时结构经济适用、装拆简便、功能性强。

（四）编制施工组织设计

施工组织设计是施工准备工作的重要组成部分，也是指导工程施工中全部生产活动的基本技术经济文件。编制施工组织设计的目的在于全面、合理、有计划地组织施工，从而具体实现设计意图，优质高效地完成施工任务。

施工组织设计大致包括的内容有：编制说明、编制依据、工程概况和特点、施工准备工作、施工方案（含专项设计，施工进度计划，工料机需要量及进场计划，资金供应计划，施工平面图设计，施工管理机构及劳动力组织，季节性施工的技术组织保证措施，质量计划，有关交通、航运安排，公用事业管线保护方案，安全措施，文明施工和环境保护措施，技术经济指标等）。

（五）编制施工预算

根据施工图纸、施工组织设计或施工方案、施工定额等文件及现场的实际情况，由施工单位编制施工预算。施工预算是施工企业内部控制各项成本支出、考核用工，签发施工任务单、限额领料以及基层进行经济核算的依据，也是制定分包合同时确定分包价格的依据。

二、组织准备

（一）建立组织机构

确定组织机构应遵循的原则是：根据工程项目的规模、结构特点和管理机构中各职能部门的职责建立组织机构。人员的配备应力求精干，以适应任务的需要。坚持合理分工与密切协作相结合，使之便于指挥和管理，分工明确，权责具体。

（二）合理设置施工班组

施工班组的建立应认真考虑专业和工种之间的合理配置，技工和普工的比例要满足合理的劳动组织，并符合流水作业方式的要求，同时制订出该工程的劳动力需要量计划。

(三) 集结施工力量，组织劳动力进场

进场后对工人进行技术、安全操作规程以及消防、文明施工等方面的培训教育。

(四) 施工组织设计、施工计划、施工技术与安全交底

在单位工程或分部分项工程开工之前，应将工程的设计内容、施工组织设计、施工计划和施工技术等要求，详尽地向施工班组和工人进行交底，以保证工程能严格按照设计图纸、施工工艺、安全技术措施、降低成本措施和施工验收规范的要求施工；新技术、新材料、新结构和新工艺的实施方案和保证措施的落实；有关部位的设计变更和技术核定等事项。

(五) 建立、健全各项管理制度

管理制度通常包括技术质量责任制度、工程技术档案管理制度、施工图纸学习和会审制度、技术交底制度、技术部门及各级人员的岗位责任制、工程材料和构件的检查验收制度、工程质量检查与验收制度、材料出入库制度、安全操作制度、机具使用保养制度等。

三、物资准备

(1) 工程材料，如钢材、木材、水泥、砂石等的准备。
(2) 工程施工设备的准备。
(3) 其他各种小型生产工具、小型配件等的准备。

四、现场准备

(一) 施工控制网测量

按照勘测设计单位提供的桥位总平面图和测试图控制网中所设置的基线桩、水准高程以及重要的桩志和保护桩等资料，进行三角控制网的复测，并根据桥梁结构的精度要求和施工方案补充加密施工所需要的各种标桩，进行满足施工要求的平面和立面施工测量控制网。

(二) 搞好“四通一平”

“四通一平”是指水通、电通、通信通、路通和平整场地。为蒸汽养生的需要以及考虑寒冷冰冻地区特殊性，还要考虑暖气供热的要求。

(三) 建造临时设施

按照施工总平面图的布置，建造所有生产、办公、生活、居住和储存等临时用房，以及临时便道、码头、混凝土拌和站、构件预制场地等。

(四) 安装调试施工机具

对所有施工机具都必须在开工之前进行检查和试运转。

(五) 材料的试验和储存堆放

按照材料的需要量进行计划，应及时提供，包括混凝土和砂浆的配合比与强度、钢材的机械性能等各种材料的试验申请计划，并组织材料进场，按规定的地点和指定的方式进行储存堆放。

(六) 新技术项目的试制和试验

按照设计文件和施工组织设计的要求，认真组织新技术项目的试验研究。

(七) 冬季、雨季施工安排

按照施工组织设计要求，落实冬季、雨季施工的临时设施和技术措施，做好施工安排。

(八) 消防、保安措施

建立消防、保安等组织机构和有关的规章制度，布置安排好消防、保安等措施。

(九) 建立、健全施工现场各项管理制度

依据工程特点，制定施工现场必要的各项规章制度。

(十) 办理同意施工的手续

应遵守施工当地市政工程管理部门的管理要求，按一切要求办理同意施工的手续。

第二节 桥梁基础施工

一、明挖扩大基础施工

天然地基上浅基础施工又称明挖法施工。采用明挖法施工特点是工作面大，施工简便。

(一) 基础定位放样

基础定位放样是根据墩台的位置和尺寸将基础的平面位置与基础各部分的标高标定在地面上。放样时，首先定出桥梁的主轴线，然后定出墩台轴线，最后详细定出基础各部尺寸。基础位置确定后，采用钉设龙门板或测设轴线控制桩，作为基坑开挖后各阶段施工恢复轴线的依据。

(二) 基坑围堰

在水中修筑基础必须防止地下水和地表水浸入基坑内，常用的防水措施是围堰法。围堰是一种临时性的挡水结构物。其方法是在基坑开挖之前，在基础范围的四周修筑一个封闭的挡水堤坝，将水挡住，然后排除堰内水，使基坑的开挖在无水或很少水的情况下进行。待工作结束后，即可拆除。

1. 围堰的一般要求

(1) 堰顶应高出施工期间可能出现的最高水位 (包括浪高)0.5 ~ 0.7 m。

(2) 围堰的外形应与基础的轮廓线及水流状况相适应，堰内平面尺寸应满足基础施工的需要，堰的内脚至基坑顶边缘不小于 1.0m 距离。

(3) 围堰要求坚固、稳定，防水严密，减少渗漏。

2. 常用围堰的形式和施工要求

(1) 土围堰：适应于河边浅滩地段和水深小于 1.5 m，流速小于 0.5 m/s

渗水性较小的河床上。

一般采用松散的黏性土作填料。如果当地无黏性土时，也可以河滩细砂或中砂填筑，这时最好设黏土芯墙，以减少渗水现象。筑堰前，应将河床底杂物、淤泥清除以防漏水，先从上游开始，并填筑出水面，逐步填至下游合拢。倒土时应将土沿着已出水面的堰顺坡送入水中，切勿直接向水中倒土，以免使土离析。水面以上的填土应分层夯实。

土堰的构造：顶宽 1 ~ 2 m，堰外迎水面边坡为 1：2 ~ 1：3，堰内边坡为 1：1 ~ 1：1.5，外侧坡面加铺草皮、柴排或草袋等加以防护。

（2）土袋围堰：土袋围堰适用于水深 3.5 m 以下，流速小于 2 m/s 的透水性较小的河床。

堰底处理及填筑方向与土围堰相同。土袋内应装容量$\frac{1}{3}$ ~ $\frac{1}{2}$松散的黏土或粉质黏土。土袋可采用草包、麻袋或尼龙编织袋。叠砌土袋时，要求上下、内外相互错缝，堆码整齐。土袋围堰也可用双排土袋与中间填充黏土组成。

土袋围堰构造：顶宽 2 ~ 3m，堰外边坡为 1：0.5 ~ 1：1.0，堰内边坡为 1：0.2 ~ 1：0.5。

（3）板桩围堰：

① 木板桩围堰：木板桩围堰适用于砂性土、黏性土和不含卵石的其他土质河床。

② 钢板桩围堰。

（三）基坑排水

1. 集水坑排水

集水坑排水适用于除严重流砂以外的各种土质。它主要是用水泵将水排出坑外，排水时，泵的抽水量应大于集水坑内的渗水量。

基坑施工接近地下水位时，在坑底基础范围以外设置集水坑并沿坑底周围开挖排水沟，使渗出的水从沟流入集水坑内，排出坑外。随着基坑的挖深，集水坑也应随着加深，并低于坑底面约 0.30 ~ 0.5 m。集水坑宜设在上游。

2. 井点排水法

井点排水法适用于粉、细砂或地下水位较高，挖基较深、坑壁不易稳定的土质基坑。井点的选择应根据土层的渗透系数、要求的降低水位深度以及工程特点而定。

(1) 轻型井点法降低地下水位

轻型井点法是在基坑四周将井点管按一定的间距插入地下含水层内，井点管的上端通过弯联管与总管相连接，再用抽水设备将地下水从井点管内不断抽出，使地下水位降至坑底以下，保证基坑挖土施工处于干燥无水的状态下进行。

(2) 井点法施工应注意事项

① 井点管距离基坑壁一般不宜小于 1 m，宜布置在地下水流的上游。

② 井点的布置应随基坑形状、大小、地质、地下水位高低与降水深度等要求，可采用单排、双排、环形井点。有时为了施工需要，也可留出一段不加封闭。

③ 井点管露出地面 0.2 ~ 0.3 m，尽可能将滤水管埋设在透水性较好的土层中，埋深保证地下水位降至基坑底面以下 0.5 ~ 1.0 m。

二、钻孔灌注桩基础施工

钻孔灌注桩基础施工是采用不同的钻孔方法，在土中形成一定直径的井孔，达到设计标高后，再将钢筋骨架吊入井孔中，灌注混凝土（有地下水是灌注水下混凝土）形成桩基础。

钻孔灌注桩施工应根据土质、桩径大小、入土深度和机具设备等条件选用适当的钻具和钻孔方法，目前使用的钻孔方法有冲击法、冲抓法和旋转法三种类型。钻孔灌注桩具有施工设备简单、便利施工、用钢量少、承载力大等优点，故应用普遍。旋转钻孔直径由初期的 0.25 m 发展到 6 m 以上，桩长从十余米发展到百余米以上。钻孔灌注桩施工因成孔方法的不同和现场情况各异，施工工艺流程也不尽相同。在施工前，要安排好施工计划，编制具体的工艺流程图，作为安排各工序施工操作和进程的依据。

三、人工挖孔灌注桩

(一) 人工挖孔灌注桩施工程序

人工挖孔灌注桩的主要施工程序是：挖孔→支护孔壁→清底→安放钢筋笼→灌注混凝土。

(二) 适用条件与特点

人工挖孔灌注桩适用于无地下水或地下水道很少的密实土层或岩石地层。桩形有圆形、方形两种。人工挖孔灌注桩需用机甚少，成孔后可直观检查孔内土质情况，孔底易清除干净，桩身质量易保证。场区内各桩可同时施工，因此造价低，工期短。

(三) 施工准备

施工前应根据地质和水文地质条件以及安全施工、提高挖掘速度和因地制宜的原则，选择合适的孔壁支护类型。平整场地、清除松软的土层并夯实，施测墩出中心线，定出桩孔位置；在孔口四周挖排水沟，及时排除地表水；安装提升设备；布置出土道路；合理堆放材料和机具。井口周围需用木料、型钢或混凝土制成框架或围圈予以围护，其高度应高出地面 20 ~ 30 cm，防止土、石、杂物滚入孔内伤人。沿井口地层松软，为防止孔口坍塌，应在孔口用混凝土护壁，高约 2 m。

(四) 挖掘成孔要求

(1) 挖孔桩的桩芯尺寸不得小于 0.8 m。

(2) 桩孔挖掘及支撑护壁两道工序必须连续作业，不宜中途停顿，以防坍孔。

(3) 土层紧实、地下水不大时，一个墩台基础的所有桩孔可同时开挖，便于缩短工期。但渗水量大的一孔应超前开挖、集中抽水，以降低其他孔水位。

(4) 挖掘时要使孔壁稍有凹凸不平，以增加桩的摩阻力。

(5) 在挖孔过程中，应经常检查桩孔尺寸和平面位置，孔径、孔深、垂直度必须符合设计要求。

(6) 挖孔达到设计深度后，应进行孔底处理。

(7) 挖孔时应注意施工安全，经常检查孔内有害气体含量。二氧化碳含量超过 0.3% 或孔深超过 10 m 时应采用机械通风。挖孔工人必须配有安全帽、安全绳。

(8) 孔深大于 5 m 时，必须采用电雷管引爆。孔内爆破后应先排烟 15 min，并经检查无有害气体后，施工人员方可下井继续作业。

(五) 支撑护壁

对岩层、较坚硬密实土层，不透水，开挖后短期不会塌孔者，可不设支撑。在其他土质等情况下，应设支撑护壁，以保证安全。支撑形式视土质、渗水情况等条件而定。支撑护壁方法有预制钢筋混凝土套壳护壁和现浇混凝土护壁。

1. 预制钢筋混凝土套壳护壁

一般用于渗水、涌水较大和流砂、淤泥的土层中。施工方法与沉井相同，通常用 C20 或 C25 混凝土预制，壁厚一般为 100 ~ 150 mm。每节长度视吊装能力而定，上口顶埋吊环，每节上下口应用 50 mm 高的焊接。

2. 现浇混凝土护壁

为防止塌孔，每挖深约 1 m，即立模分段浇筑一节混凝土护壁，壁厚 100 ~ 150 mm，强度等级一般为 C15。等厚度两节护壁之间留 20 ~ 30 cm 空隙，以便浇筑施工模板不需光滑平整，以利于与桩体混凝土连接。挖孔桩桩端部分可做成扩大头以提高承载能力。现浇混凝土护壁分段浇筑，有等厚度护壁、升齿式护壁与内齿式护壁三种形式。

其他清孔、安放钢筋笼、灌注混凝土等施工方法均同钻孔灌注桩。

第三节　桥梁墩台施工

一、混凝土墩台、石砌墩台施工

(一) 就地浇筑混凝土墩台施工

就地浇筑的混凝土墩台施工有两个主要工序：一是制作与安装墩台模板；二是混凝土浇筑。

1. 墩台模板

模板一般用木材、钢料或其他符合设计要求的材料制成。木模重量轻，便于加工成结构物所需要的尺寸和形状，但装拆时易损坏，重复使用次数少。对于大量或定形的混凝土结构物，则多采用钢模板。钢模板的造价较高，但可重复多次使用，且拼装拆卸方便。

常用的模板类型有拼装式模板、整体吊装模板、组合型钢模板及滑动钢模板等。各种模板在工程上的应用，可根据墩台高度、墩台形式、机具设备及施工期限等条件，因地制宜，合理选用。模板的设计可参照《公路钢结构桥梁设计规范》(JTG D64-2015) 的其他有关规定，验算模板的刚度时，其变形值不得超过下列数值：结构表面外露的模板，挠度为模板构件跨度的 $\frac{1}{400}$；结构表面隐蔽的模板，挠度为模板构件跨度的 $\frac{1}{250}$，钢板模的面板变形为 1.5 mm，钢板模的钢棱、柱箍变形为 3.0 mm。

模板安装前应对模板尺寸进行检查；安装时要坚实牢固，以免振捣混凝土时引起跑模漏浆；安装位置要符合结构设计要求。

2. 混凝土浇筑施工要求

墩台身混凝土施工前，应将基础顶面冲洗干净，凿除表面浮浆，整修连接钢筋。灌注混凝土时，应经常检查模板、钢筋及预埋件的位置和保护层的尺寸，确保位置正确，不发生变形。混凝土施工中，应切实保证混凝土的配合比、水灰比和坍落度等技术性能指标满足规范要求。

(1) 混凝土的运送：混凝土运输可采用水平和垂直运输。如混凝土的数量大，浇筑振捣速度快时，可采用混凝土的皮带运输机或混凝土的输送泵。

皮带运输机速度应不大于 1.0 ~ 1.2 m/s。其最大倾角：当混凝土坍落度小于 40 mm 时，向上传送为 18°，向下传送为 12°；当混凝土坍落度为 40 ~ 80 mm 时，则分别为 15° 和 10° 。

（2）混凝土的灌注速度：墩台是大体积圬工，为避免水化热过高，导致混凝土因内外温差引起裂缝，可采取如下措施：

① 用改善集料级配、降低水灰比、掺加混合材料与外加剂、掺入片石等方法减少水泥用量。

② 采用 CA、CS 含量小、水化热低的水泥，如大坝水泥、矿渣水泥、粉煤灰水泥、低强度水泥等。

③ 减少浇筑层厚度，加快混凝土散热速度。

④ 混凝土用料应避免日光暴晒，以降低初始温度。

⑤ 在混凝土内埋设冷却管道水冷却。

当浇筑的平面面积过大，不能在前层混凝土初凝或能重塑前浇筑完成次层混凝土时，为保证结构的整体性，宜分块浇筑。分块时应注意：各分块面积不得小于 50 m^2；每块高度不宜超过 2 m；块与块间的竖向接缝面应与墩台身或基础平截面短边平行，与平截面长边垂直；上下邻层间的竖向接缝应错开位置做成企口，并应按施工接缝处理。混凝土中填放片石时应符合有关规定。

（二）石砌墩台施工

石砌墩台具有就地取材、经久耐用等优点。在石料丰富地区建造墩台时，在施工期限许可的条件下，为节约水泥，应优先考虑石砌墩台方案。

1. 石料、砂浆与脚手架

石砌墩台是用片石、块石及粗料石以水泥砂浆砌筑的，石料与砂浆的规格要符合有关规定。将石料吊运并安砌到正确位置是砌石工程中比较困难的工序。当重量小或距地面不高时，可用简单的马登跳板直接运送；当重量较大或距地面较高时，可采用固定式动臂吊机、桅杆式吊机或井式吊机，将材料运到墩台上，然后再分运到安砌地点。脚手架一般常用固定式轻型脚手架（适用于 6 m 以上的墩台）、简易活动脚手架（能用在 25 m 以下的墩台）以及悬吊式脚手架（用于较高的墩台）。

2. 墩台砌筑施工要点

在砌筑前应按设计图放出实样，挂线砌筑。砌筑基础的第一层砌块时，如基底为土质，只在已砌石块的侧面铺上砂浆即可，不需坐浆；如基底为石质，应将其表面清洗、润湿后，先坐浆再砌筑。砌筑斜面墩台时，斜面应逐层放坡，以保证规定的坡度。砌块间用砂浆黏结并保持一定的缝厚，所有砌缝要求砂浆饱满。形状比较复杂的工程，应先做出配料，注明块石尺寸；形状比较简单的，也要根据砌体高度、尺寸、错缝等，先行放样配好石料再砌。

3. 墩台顶帽施工

墩台顶帽用以支承桥跨结构，其位置、高程及垫石表面平整度等均应符合设计要求，以避免桥跨安装困难，或使顶帽、垫石等出现碎裂或裂缝，影响墩台的正常使用功能与耐久性。墩台顶帽施工的主要工序为：墩台帽放样、墩台帽模板、钢筋和支座垫板的安设。

(1) 墩台帽放样

墩台混凝土 (或砌石) 灌注至离墩台帽 30 ~ 50 cm 高度时，即需测出墩台纵横中心线，并开始竖立墩台帽模板，安装锚栓孔或安装预埋支座垫板、绑扎钢筋等。墩台帽放样时，应注意不要以基础中心线作为台帽背墙线，浇筑前应反复核实，以确保墩台帽中心、支座垫石等位置方向与水平高程等不出差错。

(2) 墩台帽模板

墩台帽是支撑上部结构的重要部分，其尺寸位置和水平高程的准确度要求较严，浇筑混凝土应从墩台帽下约 30 ~ 50 cm 处至墩台帽顶面一次浇筑，以保证墩台帽底有足够厚度的紧密混凝土。

(3) 钢筋和支座垫板的安设

墩台帽钢筋绑扎应遵照《公路桥涵施工技术规范》(JTG/T 3650-2020) 有关钢筋工程的规定。墩台帽上的支座垫板的安设一般采用预埋支座和预留锚栓孔的方法。前者须在绑扎墩台帽和支座垫石钢筋时，将焊有锚固钢筋的钢垫板安设在支座的准确位置上，即将锚固钢筋和墩台帽骨架钢筋焊接固定，同时用木架将钢垫板固定在墩台帽上。此法在施工时垫板位置不易准确，应经常校正。后者须在安装墩台帽模板时，安装好预留孔模板，在绑扎钢筋时注意将锚栓孔位置留出。此法安装支座施工方便，支座垫板位置准确。

二、桥台附属工程施工

(一) 锥坡施工

(1) 石砌锥坡、护坡和河床铺砌层等工程，必须在坡面或基面夯实、整平后，方可开始铺砌，以保证护坡稳定。

(2) 护坡基础与坡角的连接面应与护坡坡度垂直，以防坡角滑走。片石护坡的外露面和坡顶、边口，应选用较大、较平整并略加修凿的块石铺砌。

(3) 砌石时拉线要张紧，砌面要平顺，护坡片石背后应按规定做碎石倒滤层，防止锥体土方被水冲蚀变形。护坡与路肩或地面的连接必须平顺，以利排水，并避免背后冲刷或渗透坍塌。

(4) 锥体填土应按设计高程及坡度填足。砌筑片石厚度不够时再将土挖去。不允许填土不足，临时边砌石边填土。锥坡拉线放样时，坡顶应预先放高约 2 ~ 4 cm，使锥坡随同锥体填土沉降后，坡度仍符合设计规定。

(5) 锥坡、护坡及拱上等各项填土，宜采用透水性土，不得采用含有泥草、腐殖物或冻土块的土。填土应在接近最佳含水量的情况下分层填筑和夯实，每层厚度不得超过 0.30 m，密实度应达到路基规范要求。

(6) 在大孔土地区，应检查锥体基底及其附近有无陷穴，并彻底进行处理，保证锥体稳定。

(7) 干砌片石锥坡，用小石子砂浆勾缝时，应尽可能在片石护坡砌筑完成后间隔一段时间，待锥体基本稳定再进行勾缝，以减少灰缝开裂。

砌体勾缝除设计有规定外，一般可采用凸缝或平缝。浆砌砌体应在砂浆初凝后，覆盖养生 7 ~ 14 天。养生期间应避免碰撞、振动和承重。

(二) 台后填土要求

(1) 台后填土应与桥台砌筑协调进行。填土应尽量选用渗水土，如黏土含量较少的沙质土。土的含水量要适量，在北方冰冻地区要防止冻胀。如遇软土地基，为增大土抗力，台后适当长度内的填土可采用石灰土 (掺 5% 石灰)。

(2) 填土应分层夯实，每层松土厚 20 ~ 30 cm，一般应夯 2 ~ 3 遍，夯实后的厚度 15 ~ 20 cm，使密实度达到 85 % ~ 90 %，并做密实度测定。靠近台背处的填土打夯较困难时，可用木棍、拍板打紧捣实，与路基搭接处宜挖成台阶形。

(3) 石砌圬工桥台台背与土接触面应涂抹两道热沥青或用石灰三合土、水泥砂浆胶泥做不透水层作为台后防水处理。

(4) 对于梁式桥的轻型桥台台后填土，应在桥面完成后，在两侧平行进行。

(5) 台背填土顺路线方向长度，一般应自台身起，底面不小于桥台高度加 2 m，顶面不小于 2 m。

第四节　钢筋混凝土桥施工

一、混凝土浇筑前的准备工作

(一) 检查原材料

1. 水泥

水泥进场必须有制造厂的水泥品质试验报告等合格证明文件。水泥进场后应按其品种、强度、证明文件以及出厂时间等情况分批进行检查验收，并对水泥进行反复试验。超过出厂日期三个月的水泥，应取样试验，并按其复验结果使用。对受过潮的水泥，硬块应筛除并进行试验，根据实际强度使用，一般不得用在结构工程中。已变质的水泥，不得使用。不同品种、强度等级和出厂日期的水泥应分别堆放。堆垛高度不宜超过 10 袋，离地、离墙 30 cm。做到先到的先用，严禁混掺使用。

2. 砂子

混凝土用的砂子，应采用级配合理、质地坚硬、颗粒洁净、粒径小于 5 mm 的天然砂，砂中有害杂质含量不得超过规范规定（一般以江砂或山砂为好）。

3. 石子

混凝土用的石子，有碎石和卵石两种，要求质地坚硬、有足够强度、表面洁净，针状、片状颗粒以及泥土、杂物等含量不得超过规范规定。粗骨料的最大粒径不得超过结构最小边尺寸的$\frac{1}{4}$和最小钢筋净距的$\frac{3}{4}$；在两层或多层密布钢筋结构中，不得超过钢筋最小净距的$\frac{1}{2}$，同时最大粒径不得超过100 mm。

4. 水

水中不得含有妨碍水泥正常硬化的有害杂质，不得含有油脂、糖类和游离酸等。pH 小于 5 的酸性水及含硫酸盐量超过 0.27 kg/cm^3 的水不得使用，海水不得用于钢筋混凝土和预应力混凝土结构中。饮用水均可拌制混凝土。

（二）检查混凝土配合比

混凝土配合比设计必须满足强度、和易性、耐久性和经济性的要求。根据设计的配合比及施工所采用的原材料，在与施工条件相同的情况下，拌和少量混凝土做试块试验，验证混凝土的强度及和易性。上面所述的配合比均为理论配合比，其中砂、石均为干料，但在施工现场所用的材料均包含一定量的水。因此，在混凝土搅拌前，均需测定砂石的含水率，调整施工配合比。

（三）检查模板与支架

检查模板的尺寸和形状是否正确，接缝是否紧密，支架接头、螺栓、拉杆、撑木等是否牢固，卸落设备是否符合要求；清除模板内的灰屑，并用水冲洗干净，模板内侧需涂刷隔离剂，以利于脱模，若是木模还应洒水润湿。

（四）检查钢筋

检查钢筋的数量、尺寸、间距及保护层厚度是否符合设计要求；钢筋骨架绑扎是否牢固；预埋件和预留孔是否齐全，位置是否正确。

二、混凝土拌和

(一) 人工拌和

人工拌和混凝土是在铁板或在不渗水的拌和板上进行。拌和时先将拌和所需的砂料堆正中耙成浅沟，然后将水泥倒入沟中，干拌至颜色一致，再将石子倒入里面加水拌和，反复湿拌若干次到全部颜色一致，石子和水泥砂浆无分离和无不均匀现象为止。

(二) 机械拌和

机械拌和混凝土是在搅拌机内进行。混凝土拌和前，应先测定砂石料的含水率，调整配合比，计算配料单，水泥以包为单位。

三、混凝土运输

(一) 基本要求

(1) 混凝土运输路线应尽量缩短，尽可能减少转运次数。道路应平坦，以保证车辆行驶平稳。

(2) 混凝土运输过程中不应发生离析、泌水和水泥浆流失现象，坍落度前后相差不得超过 30%，如有离析现象，必须在浇筑前进行两次搅拌。二次搅拌时不得任意加水，可同时加水和水泥以保持原水灰比不变。如二次搅拌仍不符合要求，则不得使用。

(3) 运输盛器应严密坚实，要求不漏浆、不吸水，并便于装卸拌和料。

(二) 运输工具

一般采用独轮手推车、双轮手推车、窄轨倾斗车、自动倾卸卡车、井字架起吊设备、悬臂起重机、缆索起重机、搅拌运输车和混凝土泵车 (扬程高度 100 m、输送水平距离 1000 m) 等。

四、混凝土的浇筑

浇筑前仔细检查模板和钢筋的尺寸，预埋件的位置是否正确，并检查模板的清洁、润滑和紧密程度。

（一）允许间隙时间

混凝土浇筑应依照次序，逐层连续浇完，不得任意中断，并应在前层混凝土开始初凝前即将次层混凝土拌和物浇捣完毕。其允许间隙时间以混凝土还未初凝或振动器尚能顺利插入为准。

（二）工作缝的处理

当间歇时间超过规定的数值时，应按工作缝处理，其方法如下：

（1）需待下层混凝土强度达到1.2 MPa（钢筋混凝土为2.5 MPa）后方可浇筑上层混凝土。

（2）在浇筑混凝土前应凿除施工缝处下层混凝土表面的水泥砂浆和松弱层，使坚实混凝土层外露并凿成毛面。

（3）旧混凝土经清理干净后，用水清洗干净并排除积水。垂直接缝应刷一层净水泥浆；水平接缝应铺一层厚为1～2 cm的1∶2水泥砂浆。斜缝可把斜面凿毛呈台阶状，按前处理。

（4）无筋构件的工作缝应加锚固钢筋或石榫。

（5）对施工接缝处的混凝土，振动器离先浇混凝土5～10 cm，应仔细地加强振捣，使新旧混凝土紧密结合。施工缝的位置宜留置在结构受剪力和弯矩较小且便于施工的部位。

（三）混凝土浇筑时的分层厚度

每层混凝土的浇筑厚度，应根据拌和能力、运输距离、浇筑速度、气温及振动器工作能力来决定，一般为15～25 cm。

（四）混凝土的自由倾落高度

为保证混凝土在垂直浇筑过程中不发生离析现象，应遵守下列规定：

(1) 浇筑无筋或少筋混凝土时，混凝土拌和物的自由倾落高度不宜超过2 m。当倾落高度超过2 m时，应用滑槽或串筒输送；当倾落高度超过10 m时，串筒内应附设减速设备。

(2) 浇筑钢筋较密的混凝土时，自由倾落高度最好不超过30 cm。

(3) 在溜槽串筒的出料口下面，混凝土堆积高度不宜超过1 m。

(五) 斜层浇筑混凝土的方法

对于大型构造物，每小时的混凝土浇筑量相当大，使混凝土的生产能力很难适应，采用斜层浇筑混凝土的方法，可以减少浇筑层的面积，从而减少每小时的混凝土浇筑量。

(六) 分成几个单元浇筑混凝土的方法 (大体积混凝土浇筑)

对于大型构造物如桥梁墩台，当其截面积超过100 ~ 150 m^2时，为减少混凝土每小时需要量，可把整体混凝土分成几个单元来浇筑。每个单元面积最好不小于50 m^2，其高度不超过2 m，上下两个单元间的垂直缝应彼此相间、互相错开约1 ~ 1.5 m。把厚度大的混凝土体分成单元，还可以防止墩台表面发生裂缝。大体积混凝土的浇筑应在一天中气温较低时进行。

(七) 片石混凝土的浇筑 (混凝土墩台及基础)

为了节约水泥，可在混凝土中加片石，但加入的数量不宜超过混凝土结构体积的25%。片石在混凝土中应均匀分布，两石块间的净距不小于10 cm，石块距模板的净距不小于15 cm。石块的最小尺寸为15 cm，石块不得接触钢筋和预埋件。石块的抗压强度不应低于30 MPa。

五、混凝土的养护

混凝土中水泥的水化作用过程，就是混凝土凝固、硬化和强度发展过程。为了保证已浇筑的混凝土有适当的硬化条件，并防止天气干燥使混凝土表面产生收缩裂缝，应对新浇筑的混凝土加以润湿养护。混凝土养护主要方法有浇水养护和喷膜养护。

(一) 浇水养护

在自然温度条件下(高于 +5 ℃),对塑性混凝土应在浇筑后 12 h 以内,对干硬性混凝土应在浇筑后 1 ~ 2 h 内,用湿草袋覆盖和洒水养护保持混凝土表面处于湿润状态。混凝土的浇水养护日期随环境气温而异,在常温下,用普通水泥拌制时,不得少于 7 昼夜;用矾土水泥拌制时,不得少于 3 昼夜;用矿渣水泥、火山灰质水泥或在施工中掺用塑化剂时,不得少于 14 昼夜。干燥炎热天气应适当延长,气温低于 5 ℃时,不得浇水,但须加以覆盖。

(二) 喷膜养护

喷膜养护是混凝土表面喷洒 1 ~ 2 层塑料溶液,待溶液挥发后,在混凝土表面结合成一层塑料薄膜,使混凝土与空气隔绝,使混凝土水分不再蒸发,从而完成水化作用。此养护方法适用于表面较大的混凝土及垂直面混凝土。

第五节　预应力混凝土桥施工

一、预应力的基本概念

预应力混凝土是预应力钢筋混凝土的简称,此项技术在桥梁工程中得到普遍应用,其推广使用范围和数量已成为衡量一个国家桥梁技术水平的重要标志之一。

普通钢筋混凝土梁,在受荷载时发生弯曲;当再加荷载时,发生裂缝直至破坏。而预应力的钢筋混凝土则不一样。没有荷载时先在受拉区加一个压力,这预先加的压力叫预应力。先加的压力使梁产生反拱,当梁受荷载时,梁回复到平直状态;再增加荷载,则梁发生弯曲;继续增加荷载,梁才产生裂缝直到破坏。这就是预应力和非预应力混凝土构件的不同。前者构件早出现裂缝破坏,而后者构件不出现裂缝或推迟出现裂缝。

施加混凝土预加应力的方法有先张法和后张法。

(一) 先张法

先张法是先将预应力筋在台座上按设计要求的张拉控制应力张拉，然后立模浇筑混凝土，待混凝土强度达到设计强度后，放松预应力筋，由于钢筋的回缩，通过其与混凝土之间的黏结力，使混凝土得到预压应力。先张法的优点是：只需夹具，可重复使用，它的锚固是依靠预应力筋与混凝土的黏结力自锚于混凝土中。工艺构造简单，施工方便，成本低。先张法的缺点是需要专门的张拉台座，一次性投资大，构件中的预应力筋只能直线配筋，适用于长 25 m 内的预制构件。

(二) 后张法

后张法是先制作留有预应力筋孔道的梁体，待混凝土达到设计强度后，将预应力筋穿入孔道，利用构件本身作为张拉台座张拉预应力筋并锚固，然后进行孔道压浆并浇筑封闭锚具的混凝土，混凝土因有锚具传递压力而得到预压应力。后张法的优点是预应力筋直接在梁体上张拉，不需要专门台座；预应力筋可按设计要求配合弯矩和剪力变化布置成直线形或曲线形；适合于预制或现浇的大型构件。后张法的缺点是：每一根预应力筋或每一束两头都需要加设锚具，在施工中还增加留孔、穿筋、灌浆和封锚等工序，工艺较复杂，成本高。

二、夹具和锚具

(一) 夹具

在构件制作完毕后，能够取下重复使用的，通常称为夹具。夹具根据用途分为张拉夹具与锚固夹具。张拉时，把预应力筋夹住并与测力器相连的夹具称为张拉夹具；张拉完毕后，将预应力筋临时锚固在台座横梁上的夹具称为锚固夹具。

1. 圆锥形夹具（张拉钢丝）

由锚环和销子两部分组成。销子上的线槽尺寸，带括弧者是锚固（Φ15）钢丝的；不带括弧者是锚固 Φ4 钢丝的。槽内需凿倒毛，张拉完毕后，将销子击入锚环内，借锥体挤压所产生的摩阻力锚固钢丝，适用于张拉直径为 4 mm 和 5 mm 的光面钢丝或冷拉钢丝。

2. 圆锥形二层式夹具（张拉钢筋）

由锚环和夹片两部分组成。锚环内壁是圆锥形，与夹片锥度吻合。夹片为两个半圆片，其圆心部分开成半圆形凹槽，并刻有细齿，钢筋就夹紧在夹片中的凹槽内。适用于锚固直径为 12 ~ 16 mm 的冷拉Ⅱ、Ⅲ、Ⅳ级钢筋。

3. 圆锥形三片式夹具（张拉钢绞线）

张拉钢绞线用的圆锥形夹具与张拉钢筋用的圆锥形夹具相仿，圆片的圆心部分开成凹槽，并刻有细齿。适用于一般 7 根直径为 4 mm 的钢绞线。

（二）锚具

锚固在构件两端与构件连成一体共同受力的通常称为锚具。

1. 锥形锚具（弗氏锚）

锥形锚具由锚环和锚塞两部分组成。锚环内壁与锚塞锥度相吻合，且锚塞上刻有细齿槽。

锚固时，将锚塞塞入锚环，顶紧，钢丝就夹紧在锚塞周围，适用于锚固由 12 ~ 24 根直径为 5 mm 的光面钢丝组成的钢丝束。

2. 环销锚具

环销锚具是由锚套、环销和锥销三部分组成的，均用细石混凝土配以螺旋筋制成，钢丝锚固在环销外围及锥销外围。适用于锚固由 37 ~ 50 根直径为 5 mm 的光面钢丝组成的钢丝束。

3. 螺丝端杆锚具

由螺丝端杆和螺母组成。这种锚具是将螺丝端杆和预应力钢筋焊接成一个整体（在预应力钢筋冷拉以前进行），用张拉设备张拉螺丝端杆，用螺母锚固预应力钢筋。适用于锚固直径为 12 ~ 40 mm 的冷拉Ⅲ、Ⅳ级钢筋。

三、先张法施工工艺

（一）张拉台座

张拉台座由承力支架、横梁、定位钢板和台面等组成，要求有足够强

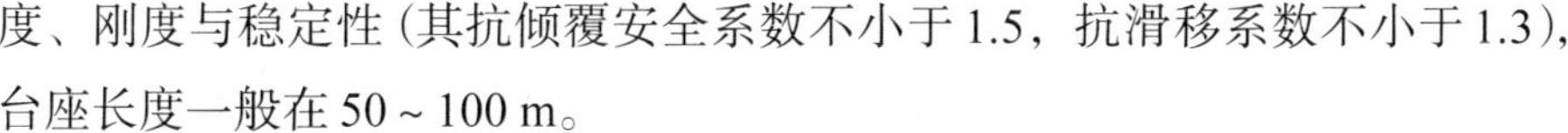

度、刚度与稳定性（其抗倾覆安全系数不小于1.5，抗滑移系数不小于1.3），台座长度一般在50～100 m。

1. 承力支架

承力支架是台座的重要组成部分，要承担全部张拉力，在设计和建造时应保证不变形、不位移、经济、安全和操作方便。目前在桥梁施工中所采用的承力支架多用槽式，这种支架一般能承受1000 kN以上的张拉力。

2. 台面

台面是制作构件的底模，要求坚固平整、光滑，一般可在夯实平整的地基上，浇铺一层素混凝土，并按规定留出伸缩缝。

3. 横梁

横梁是将预应力筋的全部张拉力传给承力支架的两端横向构件，可用型钢或钢筋混凝土制作，并要根据横梁的跨度、张拉力的大小，通过计算确定其断面，以保证其强度、刚度和稳定性，避免受力后产生变形或翘曲。

4. 定位板

定位板是用来固定预应力钢筋位置的，一般用钢板制作。其厚度必须满足在承受张拉力后，具有足够的刚度。圆孔位置按照梁体预应力钢筋的设计位置确定。孔径的大小应略比预应力钢筋大2～4 mm，以便穿筋。

（二）模板的制作

模板的制作除满足一般要求外，还有如下要求。

（1）端模预应力筋孔道的位置要准确，安装后与定位板上对应的力筋要求均在一条中心线上。

（2）先张法制作预应力板梁，预应力钢筋放松后梁压缩量为1‰左右。为保证梁体外形尺寸，侧模制作要增长1‰。

（三）预应力钢筋的制作

1. 钢筋的下料

预应力钢筋的下料长度应通过计算，计算时应考虑构件或台座长度、锚夹具长度、千斤顶长度、焊接接头或镦头预留量、冷拉伸长值、弹性回缩值、张拉伸长值和外露长度等因素。

2. 钢筋的对焊

预应力钢筋的接头必须在冷拉前采用对焊，以免冷拉钢筋高温回火后失去冷拉所提高的强度。普通低合金钢筋的对焊工艺，多采用闪光对焊。一般闪光对焊工艺有闪光－预热－闪光焊和闪光－预热－闪光焊加通电热处理。对焊后应进行热处理，以提高焊接质量。预应力筋有对焊接头时，宜将接头设置在受力较小处，在结构受拉区及在相当于预应力筋 30 d 长度（不小于 50 cm）范围内，对焊接头的预应力筋截面面积不得超过钢筋总截面积的 25%。

第六节　其他体系桥梁施工

一、拱桥施工

（一）石拱桥施工

石拱桥上部结构施工按其程序可分为拱圈放样、拱架设置、拱圈和拱上建筑砌筑、拱架卸落等。

1. 拱圈放样和拱石编号

拱圈是拱桥的主要部分，它的各部尺寸必须和设计图纸严密吻合。为了做到这一点，最可靠的方法是按设计图先在地上放出 1 ∶ 1 的拱圈大样，然后按照大样制作拱架、制作拱块样板。因此，放样工作十分重要，应当做到精确细致。

样台宜位于桥位附近的平地上，先用碎石或卵石夯实，再铺一层 2 ~ 3 cm 厚的水泥砂浆，也可采用三合土地坪，以保证放样期间不发生超过容许值的变形。对于左右对称的拱圈，一般只需放出半孔即可。拱圈的弧线画好后，可划分拱石。拱石宽度常为 30 ~ 40 cm，灰缝宽度一般 1 ~ 2 cm。灰缝过宽，将降低砌体强度，增加灰浆用量；灰缝过窄，灰浆不宜灌注饱满，影响砌体质量。

根据确定的拱石宽度和灰缝宽度，即可沿拱圈内弧用钢尺定出每一灰缝中点，再经此点顺相应的内弧半径方向划线，即可定出外弧线上的灰缝中点。连接内外弧灰缝中点，垂直此线向两边各量出缝宽一半画线，即得灰

缝边线。然后根据要求的高度和错缝长度可划分全部拱石。拱石编号后，还要依样台上的拱石尺寸，做成样板，写长度、块数。样板可用木板和镀锌薄钢板制成。当用片石、块石砌筑时，石料的加工程序大为简化，无须制作样板。但需对开采的石料进行挑选，将较好的留作砌筑拱圈，并在安砌时稍加修凿。

2. 拱架

拱架是拱桥在施工期间用来支承拱圈、保证拱圈能符合设计形状的临时构筑物。拱架应有足够的稳定性以及刚度和强度，不变形，并且构造简单，便于制作、拼装、架设和省工省料。拱架的种类很多，按使用材料分为木拱架、钢拱架、竹拱架、竹木拱架及“土牛拱胎”等形式，其中木拱架最为常用。

木拱架按其构造形式可分为满布式拱架、拱式拱架及混合式拱架等几种。满布式拱架通常由拱架上部（拱盔）（若无拱盔称为支架，常用于现浇整体式桥梁上部构造施工）、卸架设备、拱架下部三部分组成。

卸架设备以上部分称为拱盔，一般是由斜梁、立柱、斜撑和拉杆组成的拱形桁架。在斜梁上钉以弧形垫木以适应拱腹曲线形状，故将斜梁和弧形垫木称为弓形木；弓形木支承在立柱或斜撑上，长度一般为 1.5 ~ 2.0 m；在弓形木上设置横梁，其间距一般为 0.6 ~ 0.8 m；上面再纵向铺设 2.5 ~ 4 cm 厚的模板，就可在上面砌筑拱石。当拱架横向间距较密时，可不设横梁，而直接在弓形木上面横向铺设 6 ~ 8 cm 厚的模板。

（二）钢管混凝土拱桥施工

1. 少支架施工

简支钢管混凝土组合拱桥的少支架施工与构造、通航要求等因素密切相关。当纵梁足够高时，可以采取少支架施工。如果河流有通航要求，中间可预留通航孔以维持临时通航，在临时通航孔外搭设少量支架，以便搁置纵梁。一般用先筑纵梁后架拱的方法。对于先预制加劲梁，在支架上浇筑接缝及接头，而后架设钢管拱肋及浇筑拱肋混凝土的方案，其施工步骤如下：

（1）设置临时墩及主墩支撑浇筑端块及端横梁。

（2）吊装预制加劲梁节段，在支墩上现浇纵向连接梁，吊装部分横梁，现浇接头，形成平面框架，张拉横梁预应力及部分纵向预应力筋，在浇筑中预留吊杆的位置。

（3）架设其余横梁及钢管拱肋，浇筑横梁接头及张拉预应力筋，设置风撑及浇筑钢管混凝土；按设计要求张拉吊杆。

（4）铺设桥面空心板，张拉其余纵向预应力筋。拆除支架，浇筑桥面铺装。

（5）拆除临时墩。

2. 无支架施工方法

无支架施工方法指将整孔吊装，钢管吊装后锁定于拱座上，或在拱座横梁上利用桥台、桥墩承担水平推力。当桥墩承担水平推力有困难时，可将钢管两端焊上临时锚箱，张拉临时拉杆，拉杆中间需设辅助吊杆；而后泵送混凝土及吊装横梁，张拉吊杆，利用横梁作为支点，张拉部分纵向索，以及浇筑桥面板及加劲纵梁现浇段；然后张拉全部预应力束。或将钢管分三段吊装，在桥台或桥墩上设独脚拔杆，设前后拉索，后拉索锚在地上，前拉索扣住钢管，吊装中段利用预埋螺栓孔将接头固定，待风撑安装后，各接头施焊，并用扣索将钢筋固定，防止失稳。

3. 钢管混凝土拱肋的施工

（1）钢管加工：钢管混凝土拱所用钢管直径大，一般采用钢板卷制焊接管，其中对桁式钢管拱中直径较小的腹杆、横连管可直接采用无缝钢管。

钢板卷制焊接管采用工厂卷制和工地冷弯卷制。由于工厂卷制质量便于控制，检测手段齐全，推荐采用工厂卷制焊接管。根据不同的板厚和管径，可采用螺旋焊缝和纵向直焊缝两种形式。制管工艺程序包括钢板备料、卷管、焊缝检查与补焊、水压试验等工序。

（2）钢管拱肋加工制作：成品钢管通常为 8 ~ 12 m 长，一般经接头、弯制、组装后，形成拱肋。

在钢管拱肋加工制作前，首先应根据设计图的要求绘制施工详图。施工详图按工艺程序要求，绘成零件图、单元构件图、节段构成图及试装图。

加工前，首先在现场平台对 1/2 拱肋进行 1 : 1 放样，放样精度需达到设计和规范要求。根据大样按实际量取拱肋各构件的长度，取样下料和加工。量测时应考虑温度的影响。按拱肋加工段长度（一般为拱肋吊装分段长度）进行钢管接长。在可能的情况下均应做双面焊接或管外焊接，对不能进行管内施焊的小直径管，可采用在进行焊缝封底焊后再进行焊接的方法。焊接完成后，严格按设计要求进行焊缝外观质量检查和超声波与X射线检测。工地弯管一般采用加热方式，利用模架对弯管节施加作用，使之弯曲，直至成形。

（3）拱肋的拼装：钢管拱肋具有各种形式，从断面看，可以是单管、双管或多管；从立面看，可以是管形或由管组成的桁构形。接装时按下列顺序进行：

① 精确放样与下料。一般按1∶1进行放样，根据实际放样下料。

② 对用于拼装的钢管做除锈防护处理。

③ 在1∶1放样台上组拼拱肋。先进行组拼，然后做固定性焊接，在拱肋初步形成后，对其几何尺寸做详细检查，发现问题，及时调整，使拼装精度达到设计要求。

④ 焊接。焊接是钢管混凝土拱桥施工中最重要的一环。施焊工艺必须符合设计要求，并需按要求进行检测（检测项目包括外观、超声波与X射线）。在拱肋一面焊接完后，对其进行翻身以便焊接另一面，从而避免仰焊，确保焊接牢固。由于拱肋翻身是在未完全焊接情况下进行的，很容易造成拱肋结构杆件接头处的损坏，所以必须正确设置吊点和严格按设计方案要求进行翻身。

（4）钢管拱肋安装：钢管混凝土拱桥施工中最主要的工序之一就是拱肋安装。安装的方法有：无支架缆索吊装；少支架缆索吊装；整片拱肋或少支架浮吊安装；吊桥式缆索吊装；转体施工；支架上组装；千斤顶斜拉扣挂悬拼等。这里主要介绍千斤顶斜拉扣挂悬拼法。

钢管混凝土拱桥的拱圈形成主要分两步，一是钢管拱圈形成，二是在管内灌注混凝土形成最终拱圈，钢管拱既是结构的一部分，又兼做浇筑管内混凝土的支架与模板。采用千斤顶斜拉扣挂悬拼法安装就是利用在吊装时用于扣挂钢管的斜拉索的索力调整，来控制吊装标高和调整管内混凝土浇筑时拱肋轴线变形。

二、斜拉桥施工

(一) 混凝土索塔

混凝土索塔的塔柱可分为下塔柱、中塔柱和上塔柱。一般采用支架法、滑模法、爬模法、翻转模板法分节段施工。施工节段大小的划分与塔柱构造、施工方法、施工环境条件、施工机具设备能力(起重设备能力)等多方面因素有关。常用的施工节段大致划分为 1 ~ 6 m 不等。

塔柱钢筋一般均采用加工厂预制成型、现场安装的办法施工。钢筋之间的连接包括绑扎连接、焊接连接、冷挤压连接及直螺纹连接等多种方法，其中冷挤压连接和直螺纹连接两种连接技术，因施工方便、快速、成本合理、质量可靠等特点越来越多地得到应用，特别是在进行大直径钢筋的连接施工时。

塔柱钢筋安装完成、模板就位后，即可进行混凝土的浇筑。塔柱混凝土浇筑一般采用卧式泵泵送的办法进行。

(二) 主梁

斜拉桥主梁施工方法与梁式桥大致相同，一般可分为顶推法、平转法、支架法和悬臂法等四种。悬臂法因适用范围较广而成为目前斜拉桥主梁施工最常用的方法。

悬臂施工法分悬臂浇筑法和悬臂拼装法。悬臂浇筑法是在塔柱两侧用挂篮对称逐段浇筑主梁混凝土。悬臂拼装法是先在塔柱区现浇(采用钢梁的斜拉桥为安装)一段放置起吊设备的起始梁段，然后用起吊设备从塔柱两侧依次对称拼装梁体节段。

(三) 斜拉索的安装

1. 放索

为便于运输及运输过程中索的保护，斜拉索起运前通常采用类似电缆盘的钢结构盘将拉索卷盘，然后运输。对于短索，也有采取自身成盘，捆扎后运输的情况。在放索过程中，由于索盘自身的弹性和牵引产生的偏心力，会使转盘转动时产生加速度，导致散盘，危及施工人员的安全。所以一般情

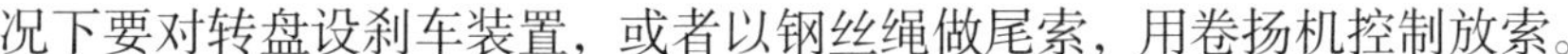

况下要对转盘设刹车装置，或者以钢丝绳做尾索，用卷扬机控制放索。

2. 索在桥面上的移动

在放索和挂索过程中，要对斜拉索进行拖移，由于索自身弯曲，或者与桥面直接接触，在移动中就可能损坏拉索的防护层或损伤索股。为避免这些情况的发生，一般对索在移动时要进行保护。

3. 索在塔部安装

一般情况下，可根据斜拉索张拉方式确定拉索的安装顺序，拉索张拉端位于塔部时可先安装梁部拉索锚固端，后安装塔部拉索锚固端；反之，先安装塔部，后安装梁部。塔端拉索锚固端安装的方法一般有吊点法、吊机安装法、脚手架法、钢管法等。塔部拉索张拉端安装的方法一般有分步牵引法、桁架床法等。对于两端皆为张拉端的斜拉索，可选择其中适宜的方法。脚手架法、钢管法和桁架床法都要在悬挂斜拉索的位置搭设支架，安装复杂，速度慢，只适于低塔稀索的情况。现代化斜拉桥多为大跨、高跨、密索体系，常用吊点法、吊机安装法及分步牵引法安装斜拉索。

第七节　桥面及附属工程施工

一、支座安装

桥梁上使用较多的是橡胶支座，有板式橡胶支座和盆式橡胶支座。板式橡胶支座用于反力较小的中小跨径桥梁，盆式支座用于反力较大的大跨径桥梁。

(一) 板式橡胶支座的安装

板式橡胶支座在安装前的检查和力学性能检验，包括支座长、宽、厚、硬度、容许荷载、容许最大温差以及外观检查等，如不符合设计要求，不得使用。支座安装时，支座中心应对准梁的计算支点，必须使整个橡胶支座的承压面上受力均匀。为此，应注意下列事项：

(1) 支座下设置的承垫石，混凝土强度应符合设计要求，顶面标高准确、表面平整，在平坡情况下同一片梁两端支承垫石水平面应尽量处于同一平面内，其相对误差不得超过 3 mm，避免支座发生偏斜、不均匀受力和脱空现象。

（2）安装前应将墩台支座支垫处和梁底面清洗干净，去除油污，用水灰比不大于 0.5 的 1∶3 水泥砂浆抹平，使其顶面标高符合设计要求。

（3）支座安装尽可能安排在接近年平均气温的季节里进行，以减少由于温差变化大而引起的剪切变形。

（4）当墩台两端标高不同，顺桥向有纵坡时，支座安装方法应按设计规定办理。

（5）梁板安放时，必须细致稳妥，使梁、板就位准确且与支座密贴，就位不准或支座与梁板不密贴时，必须吊起，采取措施垫钢板和使支座位置限制在允许偏差内，不得用撬棍移动梁、板。

（二）盆式橡胶支座的安装

盆式橡胶支座顶、底面积大，支座下埋设在墩顶的钢垫板面积也较大，浇筑墩顶混凝土必须密实。盆式橡胶支座的规格和质量应符合设计要求，支座组装时，其底面与顶面（埋置于墩顶和梁底面）的钢垫板必须埋置密实。垫板与支座间平整密贴，支座四周探测不得有大于 0.3 mm 的缝隙，严格保持清洁。活动支座的聚四氟乙烯板和不锈钢板不得有刮伤、撞伤。氯丁橡胶板密封在钢盆内，安装时应排除空气，保持紧密。施工时应注意下列事项：

（1）安装前应将支座的各相对滑移面用酒精或丙酮擦洗后，在四氟滑板的储油槽内注满硅脂类润滑剂并保洁。

（2）支座的顶板和底板可用焊接或锚固螺栓连接在梁底面和墩台顶面的预埋钢板上。采用焊接时，应防止烧坏混凝土；安装锚固螺栓时，其外露螺杆的高度不得大于螺母的厚度。支座安装顺序，宜先将上座板固定在大梁上，然后根据其位置确定底盆在墩台的位置，最后予以固定。

（3）支座的安装标高应符合设计要求，中心线要与梁的轴线重合，水平最大位置偏差不大于 2 mm。

（4）安装固定支座时，上下各部件的纵轴线必须对正；安装活动支座时，上下纵轴线必须对正，横轴线应根据安装时的温度与年平均温度差，由计算确定其错位的距离；支座的上下导向挡块必须平行，最大偏差的交叉角不得大于 5°。

二、桥面附属工程施工

桥面系的施工主要包括桥面伸缩缝、沉降缝、桥面防水、泄水管、桥面铺装、人行道、安全带、栏杆（防撞护栏和人行道栏杆）、灯柱、桥头搭板等。其施工质量不仅影响桥梁的外形美观，而且关系到桥梁的使用寿命、行车安全及舒适性。

（一）伸缩缝施工

（1）梳形钢板伸缩缝：伸缩缝的位置、构造应符合设计要求。梳形钢板伸缩缝安装时的间隙，应按照安装时的梁体温度计算决定，梁体温度应测量准确。伸缩体横向高度应符合桥面线形，伸缩装置的槽内应清洁干净，如有顶头现象或缝宽不符合设计要求时应凿剔平整。现浇混凝土宜在接缝伸缩开放状态下浇筑，浇筑时应防止已定位的构件变位。伸缩缝两边的组件及桥面应平整无扭曲。梳形钢板伸缩缝所用的钢板的力学性能应符合规定。在施工中要加强锚固系统的锚固，防止锚固螺栓松动、螺母脱落，要注意养护，同时要设置橡胶封缝条防水。

（2）橡胶伸缩缝：采用橡胶伸缩缝时，材料的规格、性能应符合设计要求。应根据桥梁跨径大小或连续梁（包括桥面连续的简支梁）的每联长度，决定采用纯橡胶式、板式、组合式等。对于板式橡胶伸缩缝，应有成品解剖检验证明。安装时应根据气温对橡胶伸缩体进行必要的预压缩。气温在 5 ℃以下时，不得进行橡胶伸缩缝的安装施工。采用后嵌式橡胶伸缩体时，应在桥面混凝土干缩完全且徐变也大部分完成后再进行安装。橡胶伸缩装置在安装时应注意下列事项：

① 要检查桥面板端部预留的空间尺寸、钢筋，注意不受损伤，若为沥青混凝土桥面铺装，宜采用后开槽工艺以提高缝与桥面的平顺度。

② 应根据安装时的环境温度计算橡胶伸缩装置模板的宽度和螺栓的间距。将准备好的加强钢筋与螺栓焊接就位，然后浇筑混凝土并养护。

③ 将混凝土表面清洁干净后，涂防水胶粘材料，利用调整压缩的工具将伸缩装置安装就位。向伸缩装置螺栓孔内灌注防腐蚀剂，要注意及时盖好盖帽。

④ 伸缩缝必须全部贯通，不得堵塞或变形。

⑤ 橡胶板应安装平整密贴、旋紧螺栓，在螺孔内灌注密封胶，每段橡胶板拼接时，在企口形连接处涂刷密封胶，要求接缝平整严密不漏水。

(二) 沉降缝施工

沉降缝的位置应符合设计要求，沉降装置必须垂直，从上到下竖直贯通桥涵结构物，缝的端面平整，缝的宽度一致，要按设计要求设置嵌缝材料。混凝土基础、压顶与挡墙墙身的沉降缝必须在同一垂直线上，并使其缝在基桩间隙中垂直通过。

(三) 防水层施工

桥面水层应在现浇桥面结构混凝土或垫层混凝土达到设计要求强度，经验收合格后方可施工。

防水层设在桥面铺装层下，其有多种铺设方法。粘贴式防水层（三油两毡）是先在桥面板上铺一层薄砂浆用以粘胶垫层；然后涂抹一层油膏，一层油毡（或其他防水材料），再一层油膏，一层油毡；最后一层油膏用以粘贴防水装置保护层。涂抹式是在桥面板或桥台背面涂抹数层沥青做防水层。特殊塑料薄膜做防水层，既可防止钢筋混凝土桥面裂缝，又能防水。防水混凝土做防水层，应振捣密实，施工接头处不能有空隙。

桥面防水层的铺设要符合设计要求，在铺设时应注意下列事项：

(1) 防水层材料应经过检查，符合规定标准后方可使用。

(2) 防水层通过伸缩缝或沉降缝时，要按设计规定铺设。

(3) 防水层应横桥向闭合铺设，底层表面应平顺、干燥、干净；防水层严禁在雨天、夏天和 5 级（含）以上大风天气施工。气温低于 −5 ℃时不宜施工。

(4) 水泥混凝土桥面铺装层，当采用油毛毡或织物与沥青黏合的防水层时，应设置隔断缝。

(5) 防水层与汇水槽、泄水口之间必须黏结牢固、封闭严密。

(四) 泄水管施工

泄水管的施工要按照设计规定进行，泄水管应伸出结构物底面

100 ~ 150 mm；立交桥及高速公路上的桥梁，泄水管不宜直接挂在板下，可将泄水管通过纵向及竖向排水管道直接引向地面，或按设计要求办理，并且管道要有良好的固定装置。泄水管入水端应做好处理，与周边防水层密合，边缘要夹紧在管顶与泄水漏斗之间。泄水管施工时应注意下列事项：

(1) 桥面的泄水管可预埋在梁内，位置应正确，泄水管顶面的标高如设计无规定时，可根据下列原则决定：

① 水泥混凝土桥面的泄水管道面标高，宜略低于该处的桥面标高，以便雨水汇入。

② 沥青混凝土桥面，采用防滑层结构时，泄水管盖面的标高略低于防滑层的顶面标高，但在防滑层厚度范围内的泄水管宜钻孔，使渗入防滑层的水排入泄水管。

(2) 泄水管的顶盖应与泄水管及周围的桥面牢固连接。

(3) 城市立交桥或跨河桥梁的岸边引桥的泄水管应有导流设施，并且泄水管与附近在桥墩（台）处的排水管接通时，宜留有一定的伸缩余量，使梁在伸缩时不会拉断泄水管。

汇水槽、泄水口顶面高程应低于桥面铺装层 10 ~ 15 mm。

(五) 桥面铺装层施工

桥面防水层经验收合格后应及时进行桥面铺装层施工。雨天和雨后桥面未干燥时，不得进行桥面铺装层施工。

(1) 沥青混凝土桥面铺装应按设计要求施工：在铺装前应对桥面进行检查，桥面应平整、粗糙、干燥、整洁。桥面横坡应符合要求，否则应及时处理。铺装前应洒布粘层油，石油沥青洒布时为 0.3 ~ 0.5 L/m^2。沥青混凝土的配合比设计、铺装、碾压等工序应符合沥青路面施工的规范要求。注意铺装后桥面的泄水孔的进水口应略低于桥面面层，保证排水顺畅。应注意下列事项：

① 测设中线和边线的标高，根据最小厚度和最大厚度以及平均厚度计算沥青混凝土的数量，做好用料计划。

② 在喷洒粘层油前宜在路缘石上方涂刷石灰水或粘贴保护纸张，以免沥青沾染缘石。

③ 在伸缩缝处宜以黄砂等松散材料临时铺垫与水泥混凝土顶面相平，沥青混凝土可连续铺筑，铺筑完成后，再根据所采用的伸缩缝装置的宽度，划线切割，挖去伸缩缝部分的沥青混凝土后，再安装伸缩装置。

④ 沥青混凝土面层应采用机械摊铺，应以伸缩缝的间距确定一次铺筑长度，要求在相邻的两个伸缩缝之间尽量不设施工缝。桥面的宽度宜在一天内铺筑完成。每次铺筑的纵向接缝宜在上次铺筑时的沥青混凝土的实际温度未降至 100 ℃时予以接缝并碾压，铺装宜采用轮胎或钢筒式压路机碾压。

⑤ 沥青混凝土面层厚度大于 6 cm 时宜采用两次铺筑，以提高沥青混凝土面层的平整度。

(2) 水泥混凝土桥面铺装时，除符合有关水泥混凝土施工的要求外，还应注意：

① 水泥混凝土桥面铺装的厚度及其使用的材料、铺装层的结构、混凝土的强度等级、防水层的设置等均应符合设计要求。

② 必须在横向连接钢板焊接工作完成后，才可进行桥面铺装工作，以免后焊的钢板引起桥面水泥混凝土在接缝处发生裂缝。

③ 浇筑桥面水泥混凝土前应使预制桥面板表面粗糙，清洗干净，按设计要求铺设纵向接缝钢筋网或桥面钢筋网，混凝土浇筑由桥一端向另一端连续浇筑。

④ 水泥混凝土桥面铺装如设计为防水混凝土，施工时要按有关规定办理。

⑤ 水泥混凝土桥面铺装做面应采取防滑措施，做面宜分两次进行，第二次抹平后，应沿横坡方向拉毛或采用机具压槽，拉毛或压槽的深度为 1 ~ 2 mm。

⑥ 为避免铺装层出现收缩裂缝，宜采用分仓浇筑的施工方法，分仓原则可根据桥面的宽度以及无伸缩缝桥面的长度来考虑，分为四幅或六幅。

⑦ 水泥混凝土铺装浇筑时，必须搭设走道支架，支架应架空，又能直接搁置在钢筋网上。

⑧ 混凝土浇筑宜自下坡向上坡进行。混凝土面层必须平整和粗糙，路拱符合设计要求。

参考文献

[1] 秦春丽，孙士锋，胡勤虎．城乡规划与市政工程建设 [M]. 北京：中国商业出版社，2021.

[2] 李海林，李清．市政工程与基础工程建设研究 [M]. 哈尔滨：哈尔滨工程大学出版社，2019.

[3] 沈鑫，樊翠珍，蔺超．市政工程与桥梁工程建设 [M]. 北京：文化发展出版社，2022.

[4] 姚恩建．城市道路工程（第 2 版）[M]. 北京：北京交通大学出版社，2022.

[5] 黄隆．道路工程与城市建设 [M]. 北京：北京工业大学出版社，2019.

[6] 姚波，王晓．道路工程 [M]. 南京：东南大学出版社，2020.

[7] 肖春，徐伟，李旭彪．城市道路桥梁工程新技术应用 [M]. 长春：吉林大学出版社，2022.

[8] 李杰，安彦龙，梁锋．市政路桥施工技术与管理研究 [M]. 北京：文化发展出版社，2020.

[9] 彭彦彬．桥涵工程公路与城市道路方向高职高专（第 3 版）[M]. 大连：大连理工大学出版社，2020.

[10] 王晓飞，胡铁钢，何方君．高速公路改扩建工程交通组织及安全保通技术与实践 [M]. 广州：华南理工大学出版社，2019.

[11] 刘志伟，刘文君，杨黎．路桥工程管理与给排水规划设计 [M]. 长春：吉林科学技术出版社，2022.

[12] 李刚，宁尚勇，林智．公路桥梁工程施工与项目管理（第 1 版）[M]. 武汉：华中科技大学出版社，2022.

[13] 罗春德，尹雪云，李文兴．公路桥梁工程施工技术与养护管理 [M]. 长春：吉林科学技术出版社，2022.

[14] 温茂彩，胡建新，龙芳玲 . 桥梁工程施工与加固改造技术 [M]. 武汉：华中科技大学出版社，2021.
[15] 王展望，张涛锋，张林 . 公路与桥梁工程施工及质量控制研究 [M]. 西安：西安交通大学出版社，2021.
[16] 瞿万波，王毅 . 隧道工程施工 [M]. 成都：西南交通大学出版社，2019.
[17] 曹升亮，李照众，赵兵 . 隧道工程施工及风险防控 [M]. 武汉：华中科技大学出版社，2021.
[18] 张建锋，王社平，李飞 . 给水排水工程施工技术 [M]. 西安：西安交通大学出版社，2022.
[19] 钟风万 . 建筑给水排水工程施工过程全解读 [M]. 北京：中国建筑工业出版社，2023.
[20] 曲云霞 . 城市管道工程 [M]. 徐州：中国矿业大学出版社，2019.
[21] 张伟 . 给排水管道工程设计与施工 [M]. 郑州：黄河水利出版社，2020.
[22] 徐前，张剑，李忠明 . 市政综合管廊工程施工技术 [M]. 天津：天津科学技术出版社，2019.
[23] 姚智文，姜秀艳 . 综合管廊规划设计施工运营全过程技术要点分析 [M]. 青岛：中国海洋大学出版社，2023.
[24] 余地华，叶建，李鸣 . 城市地下综合管廊关键施工技术及总承包管理 [M]. 北京：中国建筑工业出版社，2020.
[25] 陈丽，张辛阳 . 风景园林工程 [M]. 武汉：华中科技大学出版社，2020.
[26] 祁鹏，唐亚男，刘梦茹 . 园林工程施工组织与管理 [M]. 北京：北京理工大学出版社，2022.